Wittkop/Weirauch

Einstieg ins CNC-Fräsen und -Drehen

AF721713

Stephan Wittkop
Ingo Weirauch

Einstieg ins CNC-Fräsen und -Drehen

Geometrische Grundlagen und Anwendungsbeispiele mit Lösungswegen

HANSER

Die Autoren:
Prof. Dr.-Ing. Stephan Wittkop, Fachhochschule Südwestfalen (Standort Hagen)
Dipl.-Ing. Ingo Weirauch, Fachhochschule Südwestfalen (Standort Hagen)

Bibliografische Information der deutschen Nationalbibliothek:
Die Deutsche Nationalbibliothek verzeichnet diese Publikation in der Deutschen Nationalbibliografie; detaillierte bibliografische Daten sind im Internet unter *http://dnb.d-nb.de* abrufbar.

www.hanser-fachbuch.de
Lektorat: Dr. Philippa Söldenwagner-Koch
Herstellung: Melanie Zinsler
Titelmotiv: © stock.adobe.com/Destina
Coverkonzept: Marc Müller-Bremer, *www.rebranding.de*, München
Coverrealisation: Max Kostopoulos
Satz: Eberl & Koesel Studio, Kempten
Druck und Bindung: CPI books GmbH, Leck
Printed in Germany

Print-ISBN: 978-3-446-47699-8
E-Book-ISBN: 978-3-446-47830-5

Inhalt

Der Verlag und die Autoren haben sich mit der Problematik einer gendergerechten Sprache intensiv beschäftigt. Um eine optimale Lesbarkeit und Verständlichkeit sicherzustellen, wird in diesem Werk auf Gendersternchen und sonstige Varianten verzichtet; diese Entscheidung basiert auf der Empfehlung des Rates für deutsche Rechtschreibung. Grundsätzlich respektieren der Verlag und die Autoren alle Menschen unabhängig von ihrem Geschlecht, ihrer Sexualität, ihrer Hautfarbe, ihrer Herkunft und ihrer nationalen Zugehörigkeit.

Vorwort

Die CNC-Technologie hat ihren Ursprung in der ersten Hälfte des letzten Jahrhunderts, als nach einer Lösung gesucht wurde, komplexe Bauteile präzise herstellen zu können. Die Technologie verbreitete sich schnell in der Fertigungsindustrie und revolutionierte die Art und Weise, wie Produkte hergestellt wurden. Im Verlauf der zweiten Hälfte des letzten Jahrhunderts wurden entsprechende CNC-Bearbeitungsmaschinen herausgebracht, und es folgten die ersten CAD/CAM-Systeme. Seitdem hat sich die CNC-Technologie ständig weiterentwickelt, ist heute ein unverzichtbarer Bestandteil der modernen Fertigung und in unzähligen Branchen, wie z. B. in der Luft- und Raumfahrt, der Automobilindustrie, der Medizintechnik, der Elektronik, der Elektromobilität usw. vorzufinden.

Neben der industriellen Bedeutung der CNC-Technik bleiben die Ausbildung und Lehre im Bereich der CNC-Technik wichtig. Daher ist es von großer Bedeutung, den Studierenden und Auszubildenden Grundlagen und Fähigkeiten im Umgang mit der CNC-Technik zu vermitteln. Das vorliegende Buch richtet sich daher gezielt an Studierende und Auszubildende aus den Bereichen Maschinenbau, Produktion, Fertigung. Darüber hinaus ist es auch als Nachschlagewerk für all diejenigen gedacht, die sich mit den Grundlagen der CNC-Technik befassen möchten.

Gegliedert ist das Buch in vier Abschnitte. In einem ersten Bereich werden die notwendigen geometrischen Grundlagen vorgestellt und anhand von Beispielskizzen und -berechnungen erläutert. In einem weiteren Abschnitt erfolgt die Vorstellung der notwendigen CNC-Befehle. Hierbei wurde bewusst darauf Wert gelegt, die Anzahl der insgesamt vorhandenen CNC-Befehle auf die notwendigen zu reduzieren, die eine Bearbeitung von Bauteilen ermöglicht. Der dritte und vierte Bereich des Buches ist den Anwendungsbeispielen gewidmet. Diese Abschnitte unterteilen sich in Beispiele für das Drehen und Fräsen. Bei den Anwendungsbeispielen handelt es sich um Fräs- und Drehkonturen, die in ihrer Komplexität variieren. Der Schwerpunkt liegt auf der Herleitung und Erläuterung der Vorgehensweise bei der Erstellung von CNC-Programmen unter Berücksichtigung der geometrischen Grundlagen aus den ersten beiden Teilen. Die Aufgabenstellung und die Erstellung des dazugehörigen CNC-Programms werden durch den detailliert dargestellten Lösungsweg verständlich nachvollziehbar.

Zu den Anwendungsbeispielen der Dreh- und Fräskonturen werden auch Simulationen der erstellten CNC-Programme gezeigt. Die verlinkten Videos - abzurufen unter *plus.hanser-fachbuch.de* - zeigen den Bearbeitungsablauf der zu fertigenden Bauteilkontur der Fräs- bzw. Drehbauteile und sollen das Verständnis für die Thematik fördern.

> Alle in diesem Buch erarbeiteten Bauteile können als Simulationsvideo unter folgendem Link abgerufen werden: *plus.hanser-fachbuch.de*. Den dafür benötigten Code finden Sie auf der ersten Seite des Buches.

Insgesamt soll das vorliegende Buch dazu beitragen, einen Einblick in die geometrischen Grundlagen der CNC-Technik zu erhalten und diese anhand der Anwendungsbeispiele umsetzen und anwenden zu können. Für die Studierenden und Auszubildenden soll der Grundlagenbereich der CNC-Technik verständlicher werden. Damit soll ein Grundgerüst geschaffen werden, womit die Leserin oder der Leser in die Lage versetzt wird, sich weiter für den Bereich der CNC-Technologie zu begeistern. In diesem Sinne wünschen wir viel Vergnügen mit dem vorliegenden Werk.

Dipl.-Ing. Ingo Weirauch *Prof. Dr.-Ing. Stephan Wittkop*

Hagen, März 2023

1 Geometrische Grundlagen

Für die Berechnungen der CNC-Beispiele sind einige ausgewählte geometrische und mathematische Grundlagen notwendig, die an dieser Stelle zusammengefasst werden.

1.1 Koordinaten

Im technischen Bereich wird fast ausschließlich ein rechtshändiges kartesisches Koordinatensystem genutzt. Bei mehrachsigen Maschinen werden die Drehachsen mit *A*, *B* und *C* bezeichnet. Die positive Drehrichtung ist, in Blickrichtung der entsprechenden Achse, der Uhrzeigersinn (CW = Clockwise).

Häufig verfügen Fräsmaschinen nur über die drei translatorischen Achsen *x*, *y* und *z*. Bei Drehmaschinen hingegen sind es die beiden Achsen *x* und *z*. Bei Bearbeitungszentren können die rotatorischen Bewegungsfreiheiten *A*, *B* und *C* hinzukommen.

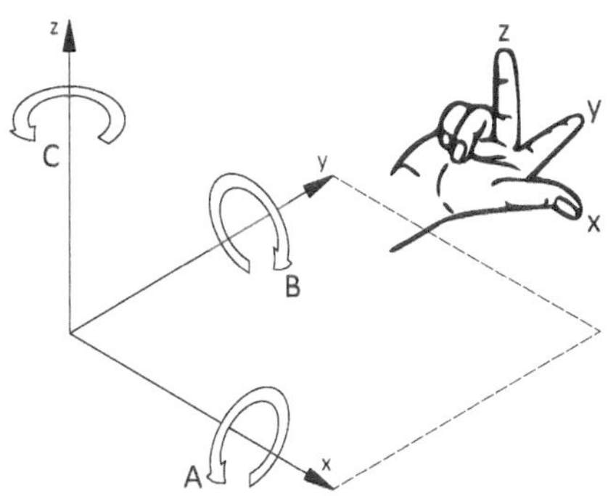

Bild 1.1
Koordinaten und Drehachsen

1.1.1 Symbole für Bezugspunkte

Der **Maschinennullpunkt** (*M*) stellt den unveränderlichen, vom Maschinenhersteller vorgegebenen Koordinatenursprung der Maschine dar (Bild 1.2). Bei Drehmaschinen liegt dieser Punkt häufig am Ende der Hauptspindel (Futteranschlag) und bei Fräsmaschinen an der linken vorderen Oberseite des Hauptschlittens.

Der **Werkstücknullpunkt** (*W*) stellt einen wählbaren Ursprungspunkt auf dem Werkstück (bzw. Rohteil) dar (Bild 1.2). Der Punkt kann an der Maschine eingerichtet werden. Werkstücknullpunkte werden in Korrekturregistern hinterlegt und mit den zugehörigen G-Befehlen aufgerufen.

Referenzpunkte (*R*) stellen feste Bezüge im Koordinatensystem dar. Normalerweise sind dies die Anschläge oder Bezüge der Hauptachsen, die bei jedem Maschinenstart angefahren werden müssen. Das Symbol wird auch als allgemeiner Bezugspunkt genutzt.

Der **Werkzeugeinstellpunkt** (*E*) ist die Position des Werkzeughalters, ab der die Längenvermessung für die Korrekturregister beginnt.

Der **Werkzeugaufnahmepunkt** (*N*) ist die Bezugsposition im Werkzeughalter und entspricht, nach dem Einsetzen des Werkzeugs, dem Werkzeugeinstellpunkt (*E*).

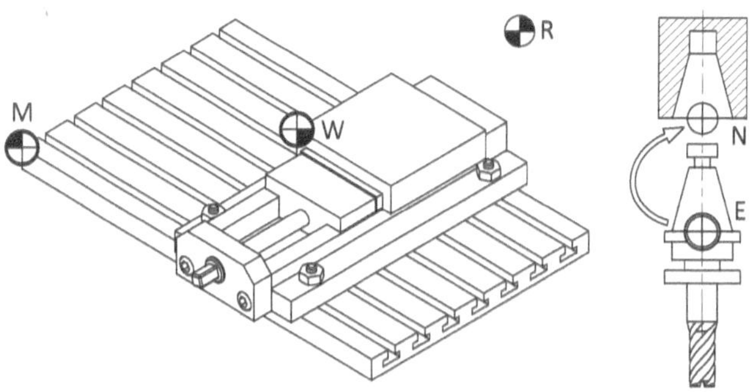

Bild 1.2 Bezugspunkte an einer Werkzeugmaschine

In den folgenden Beispielen wird eine übliche Darstellungsweise für den Werkstücknullpunkt (*W*) gewählt und nur noch das Symbol für den Referenzpunkt (*R*) genutzt. Auch für mathematische Bezüge wird auf dieses Symbol zurückgegriffen.

1.1.2 Koordinaten beim Fräsen

Damit ergibt sich für eine Fräsumgebung der Standardfall, dass der Werkstücknullpunkt im Koordinatenursprung gesetzt wird und die Positionsangaben absolut dazu sind. Relative Koordinaten (z. B. bei Kreisbefehlen) werden mit *I*, *J* und *K* bezeichnet.

In der folgenden Darstellung (Bild 1.3) ist die Zustellachse des Werkzeugs *z*. Der Drehsinn des Werkzeugs (z. B. M03 = Uhrzeigersinn) wird in Zustellrichtung, also aus dem Spannfutter heraus, betrachtet.

Das Werkzeugkoordinatensystem rotiert nicht mit den Drehachsen *A*, *B* und *C*. Daher bieten sich diese Achsen als Nullpunkt bei derartigen Bearbeitungsfällen an.

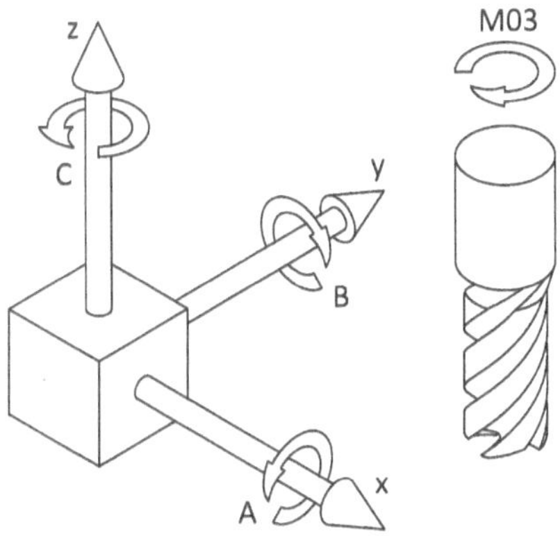

Bild 1.3
Koordinatensystem beim Fräsen

Absolute Position	*X*	*Y*	*Z*
Relative Position	*I*	*J*	*K*
Drehachse	*A*	*B*	*C*

1.1.3 Koordinaten beim Drehen

Drehmaschinen arbeiten in der Regel mit den Koordinaten *x* und *z*. Um einen geforderten Durchmesser zu erreichen, ist es notwendig, den Drehstahl auf dem entsprechenden Radius zu bewegen. Ältere handbetriebene Drehmaschinen wurden so konzipiert, dass die Durchmesserskala den zugehörigen Radius abbildete. Dies sollte die Arbeit des Bedieners erleichtern, da dieser nicht mehr die Durchmesserangaben halbieren musste. Diese Besonderheit hat sich bis heute erhalten.

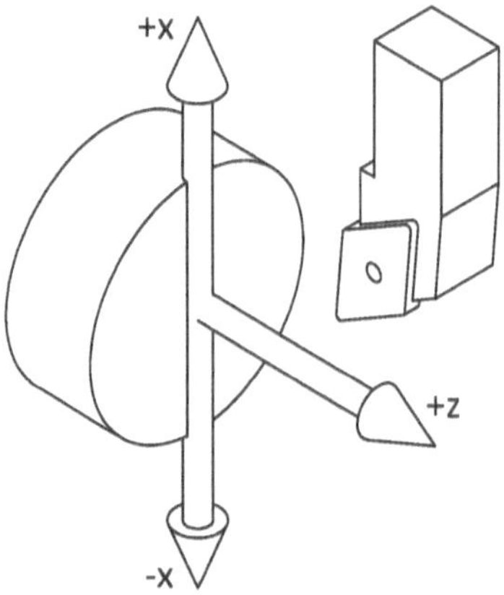

Bild 1.4
Koordinatensystem beim Drehen

Absolute Position	*X*	*Z*
Relative Position	*I*	*K*

Die *x*-Achse einer Drehmaschine entspricht also nicht dem Radius, sondern dem Durchmesser. Die Relativkoordinate *I* ist hingegen eine kartesische Angabe, also kein Durchmesser.

Im Beispiel (Bild 1.5) steht der Drehstahl im Punkt P_1 an den absoluten Koordinaten X10/Z0. Das Werkzeug befindet sich 5 mm über der Drehmitte und erzeugt so den Durchmesser 10 mm. In Punkt P_2 sind die Koordinaten X-10/Z0. Das Überfahren der Drehmitte in den negativen Bereich ist notwendig, um beim Planen der Vorderseite keinen Schneidenradiusansatz zu hinterlassen.

In diesem Beispiel befindet sich das Werkzeug rechts, oberhalb der Drehmitte. Das Werkstück muss sich auf die Schneide zubewegen. In Richtung der positiven *z*-Achse betrachtet, entspricht dies einer Drehrichtung gegen den Uhrzeigersinn (*M*4).

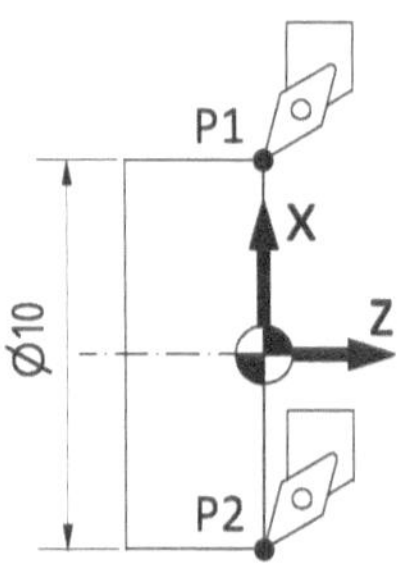

Bild 1.5
Koordinaten: Beispiel Drehen

1.2 Winkel

Die Winkelangabe in der *xy*-Ebene erfolgt mathematisch positiv, also gegen den Uhrzeigersinn (CCW = Counter Clockwise). In Richtung der *z*-Achse, die dem Betrachter in dieser Darstellung (Bild 1.6) zugewandt ist, entspricht dies dem Uhrzeigersinn. Bei der Betrachtung des Werkzeugs, das in der Regel in *Z*-Richtung orientiert ist, wird diese Logik umgekehrt. Wir schauen dort in Richtung des Werkzeugs (aus dem Futter heraus), und daher ist die Werkzeugdrehrichtung im Uhrzeigersinn, also mathematisch negativ.

Da bei Werkzeugmaschinen die Drehachsen als „normale" Vorschubachsen behandelt werden, ist zu beachten, dass eine Drehung absolut erfolgt. Die Drehung von A = 359° auf A = 0° würde also nicht auf dem kürzesten Weg (+1° CW), sondern gegen den Uhrzeigersinn (-359° CCW) erfolgen.

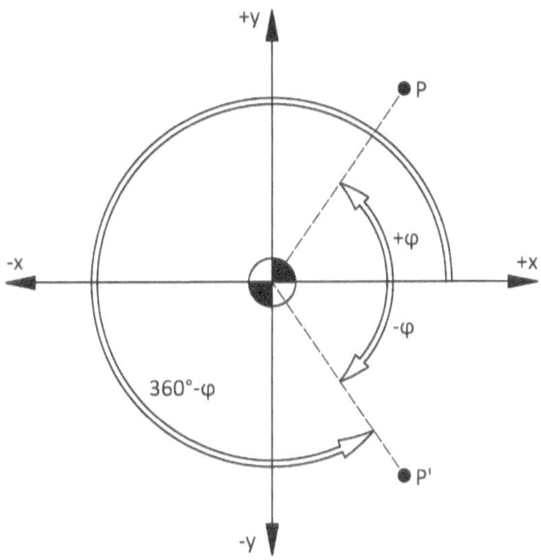

Bild 1.6
Winkelangaben und Drehsinn

1.2.1 Winkelarten

Für die Angabe von Winkeln wurde eine Vielzahl von Methoden entwickelt. Im technischen Bereich haben sich zwei Angaben durchgesetzt: Grad- und Bogenmaß (Bild 1.7). Während sich das Bogenmaß im mathematischen Bereich häufig besser eignet, ist die Gradangabe im technischen Bereich geläufig. Die meisten Taschenrechner und Softwareprodukte nutzen das Bogenmaß (z.B. MS Excel).

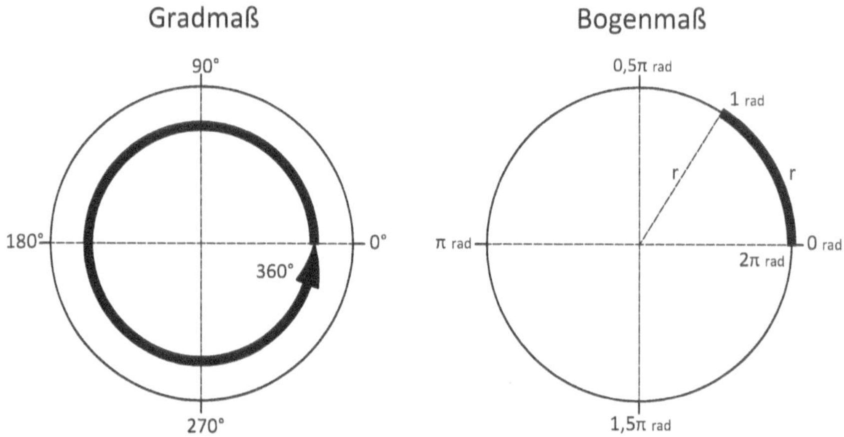

Bild 1.7 Grad- und Bogenmaß

Im Gradmaß wird der vollständige Kreiswinkel in 360 gleichmäßige Teile zerlegt und ein Teil als Grad bezeichnet [°].

Beim Bogenmaß wird der vollständige Kreiswinkel mit 2π definiert. Der 1/2π Teil des Vollwinkels wird als Radiant bezeichnet [rad]. Da der Umfang des Einheitskreises $2\pi r$ beträgt, entspricht der 1/2π Teil genau r. Ein Radiant entspricht also der Bogenlänge r.

Taschenrechner und Softwareprodukte verfügen normalerweise über eine eingebaute Umrechnungsfunktion (z. B. die BOGENMASS()- und GRAD()-Funktion in MS Excel). Für die einfache Umrechnung gilt:

$$2 \cdot \pi \cdot \text{rad} = 360° \qquad (1.1)$$

$$1° = \frac{2 \cdot \pi}{360}\,\text{rad} = \frac{\pi}{180}\,\text{rad} = 0{,}01745\,\text{rad} \qquad (1.2)$$

$$1\,\text{rad} = \frac{360°}{2 \cdot \pi} = \frac{180°}{\pi} = 57{,}296° \qquad (1.3)$$

1.2.2 Grundregeln der Winkelgeometrie

Wenn sich zwei Geraden schneiden, so sind die Gegenwinkel (Scheitelwinkel) gleich ($\alpha = \alpha'$). Die Summe aller Winkel beträgt 360°. Die Summe der einseitigen Nebenwinkel (α und β sowie α' und β') beträgt 180°.

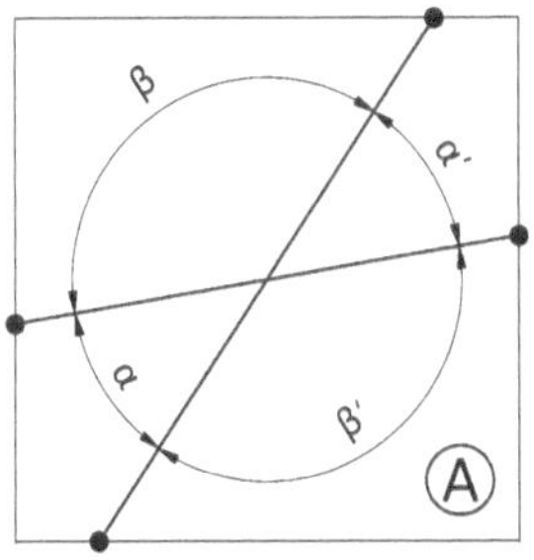

Bild 1.8
Winkelgeometrie (Scheitelwinkel)

Wenn eine Gerade zwei parallele Geraden schneidet, entstehen Stufenwinkel ($\gamma = \gamma'$, $\beta = \beta'$ usw.). Da sich sowohl die Scheitelwinkel als auch die Nebenwinkel wie im Beispiel A verhalten, bilden sich alle Winkel an der ersten Parallele (α und β) auch an der zweiten Parallele ab (α' und β').

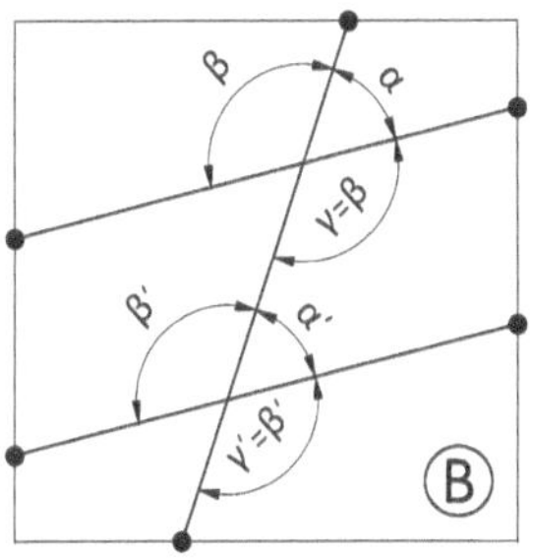

Bild 1.9
Winkelgeometrie (Stufenwinkel)

Bei einem reflektierenden rechten Winkel werden die gleichen Seitenwinkel aufgespannt.

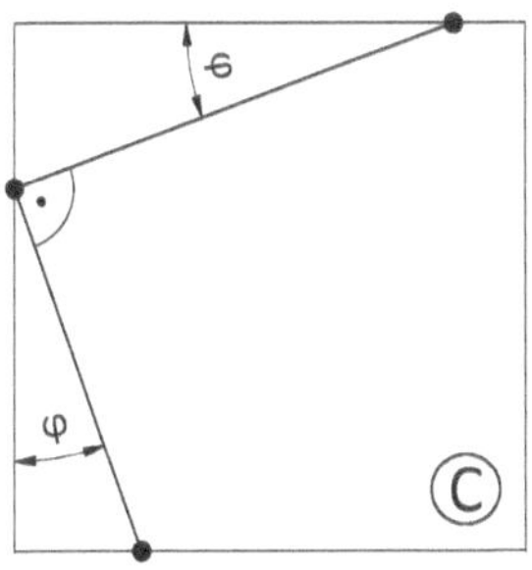

Bild 1.10
Winkelgeometrie (Seitenwinkel)

Die Summe der Winkel zwischen zwei parallelen Geraden ist 90°:

$$\delta + \beta + \varepsilon = 90°$$

Die Summe aller Winkel an einer Geraden beträgt 180°:

$$\alpha + \beta + \gamma = 180°$$

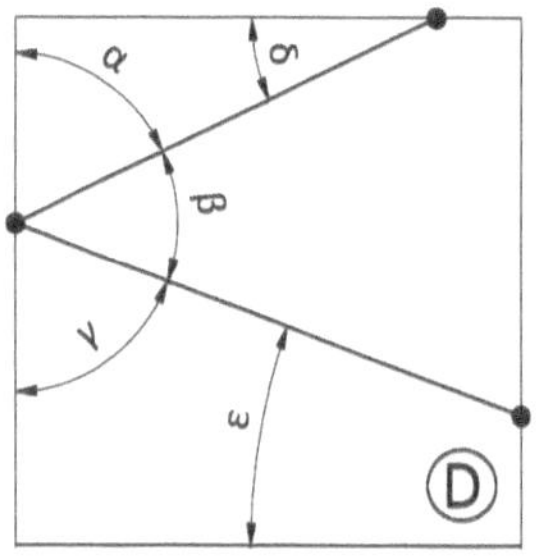

Bild 1.11
Winkelgeometrie (Summe der Winkel)

1.3 Strahlensatz

Die Strahlensätze beschreiben die Seitenverhältnisse in Geometrien, die von zwei parallelen Strecken aufgespannt werden. Sie ermöglichen die einfache Berechnung von Streckenlängen bei derartigen Problemstellungen.

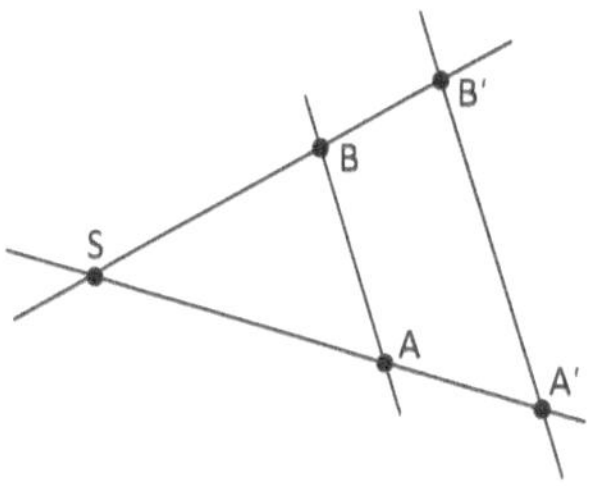

Bild 1.12
Strahlensatz (Scheitel-Parallele)

Wenn zwei durch einen Punkt (Scheitel S) verlaufende Geraden von zwei Parallelen (A-B und A'-B') geschnitten werden, die nicht durch den Scheitel gehen, dann gilt:

$$\left|\frac{SA}{AA'}\right| = \left|\frac{SB}{BB'}\right|$$

$$\left|\frac{SA}{SA'}\right| = \left|\frac{SB}{SB'}\right|$$

$$\left|\frac{AA'}{SA'}\right| = \left|\frac{BB'}{SB'}\right|$$

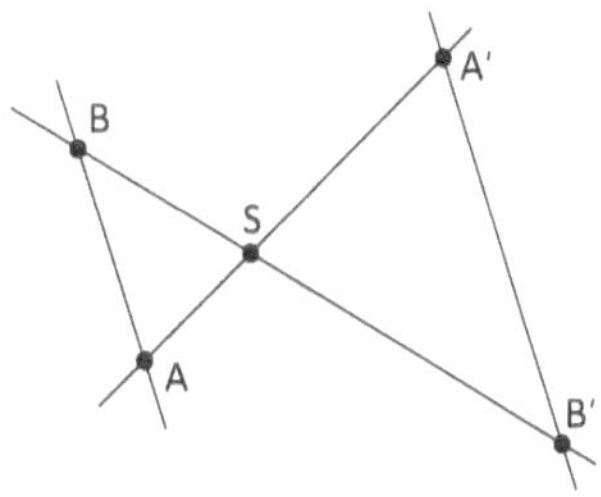

Bild 1.13
Strahlensatz (Scheitel-Geraden)

Die Abschnitte der Parallelen verhalten sich wie die vom Scheitelpunkt (S) ausgehenden Strecken auf derselben Geraden:

$$\left|\frac{AB}{A'B'}\right| = \left|\frac{SA}{SA'}\right|$$

$$\left|\frac{AB}{SA}\right| = \left|\frac{A'B'}{SA'}\right|$$

Anwendungsbeispiel

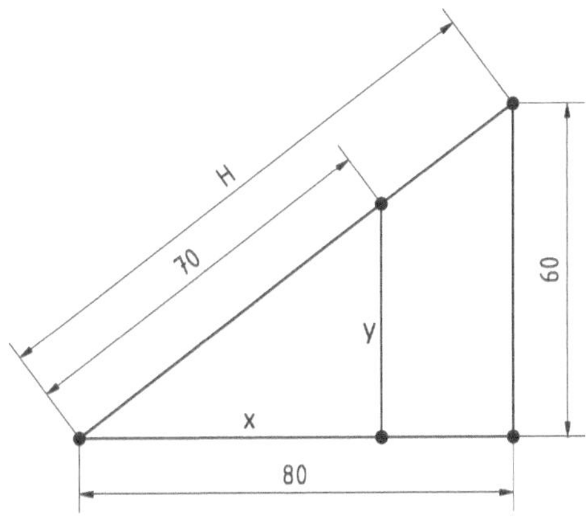

Bild 1.14
Anwendungsbeispiel für den Strahlensatz

Die Strecken x und y sollen mit einem Strahlensatz berechnet werden.

$$\left|\frac{x}{70}\right| = \left|\frac{80}{H}\right| \quad \text{und} \quad \left|\frac{y}{70}\right| = \left|\frac{60}{H}\right|$$

$$H = \sqrt{80^2 + 60^2} = 100$$

$$x = 80 \cdot \frac{70}{100} = 56$$

$$y = 60 \cdot \frac{70}{100} = 42$$

1.4 Trigonometrische Funktionen

Innerhalb der CNC-Programmierung treten häufig Aufgabenstellungen der ebenen Trigonometrie auf, die an dieser Stelle behandelt werden sollen.

Der Satz des Pythagoras

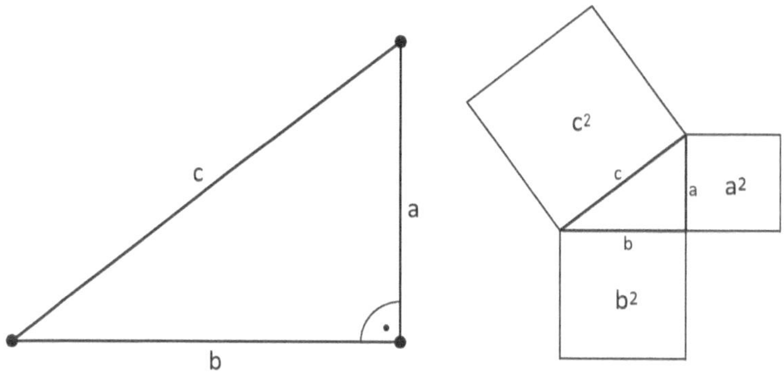

Bild 1.15 Satz des Pythagoras

Der Satz des Pythagoras besagt, dass in allen ebenen rechtwinkligen Dreiecken die Summe der Flächeninhalte der Kathetenquadrate gleich dem Flächeninhalt des Hypotenusenquadrates ist.

$$a^2 + b^2 = c^2 \qquad c = \sqrt{a^2 + b^2} \tag{1.4}$$

Trigonometrie im rechtwinkligen Dreieck

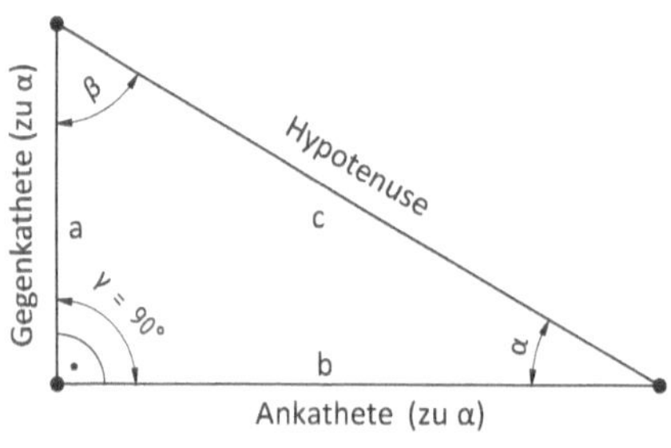

Bild 1.16 Trigonometrie (rechtwinklig)

$$\text{Sinus } \alpha = \sin(\alpha) = \frac{a}{c} = \frac{\text{Gegenkathete}}{\text{Hypotenuse}} \tag{1.5}$$

$$\text{Kosinus } \alpha = \cos(\alpha) = \frac{b}{c} = \frac{\text{Ankathete}}{\text{Hypotenuse}} \tag{1.6}$$

$$\text{Tangens } \alpha = \tan(\alpha) = \frac{a}{b} = \frac{\text{Gegenkathete}}{\text{Ankathete}} \tag{1.7}$$

Trigonometrie im allgemeinen Dreieck

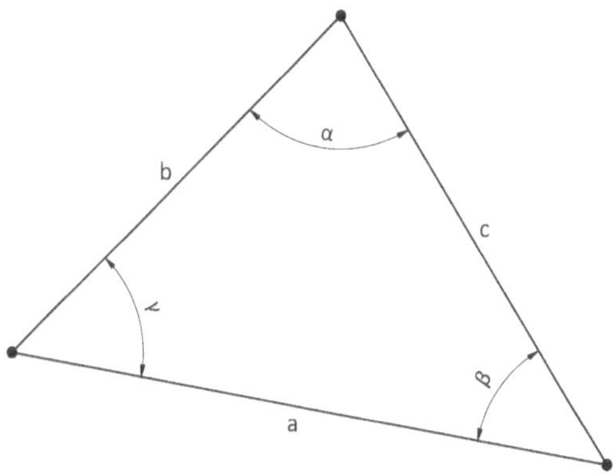

Bild 1.17
Trigonometrie (allgemein)

$$\frac{a}{\sin(\alpha)} = \frac{b}{\sin(\beta)} = \frac{c}{\sin(\gamma)} \tag{1.8}$$

$$a^2 = b^2 + c^2 - 2 \cdot b \cdot c \cdot \cos(\alpha) \tag{1.9}$$

$$b^2 = a^2 + c^2 - 2 \cdot a \cdot c \cdot \cos(\beta) \tag{1.10}$$

$$c^2 = a^2 + b^2 - 2 \cdot a \cdot b \cdot \cos(\gamma) \tag{1.11}$$

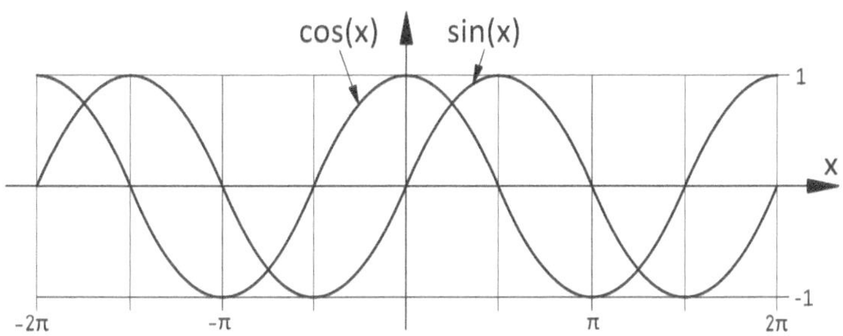

Bild 1.18 Sinus und Kosinus

Da die Sinus- und Kosinusfunktion um 0,5π bzw. 90° zueinander verschoben sind, gilt:

$$\sin(90° - \alpha) = \cos(\alpha)$$

$$\cos(90° - \alpha) = \sin(\alpha)$$

1.5 Rotation von Vektoren

Die Rotation von Vektoren bzw. Punkten im 2D-Raum ist eine häufige Problemstellung, die im Folgenden hergeleitet wird.

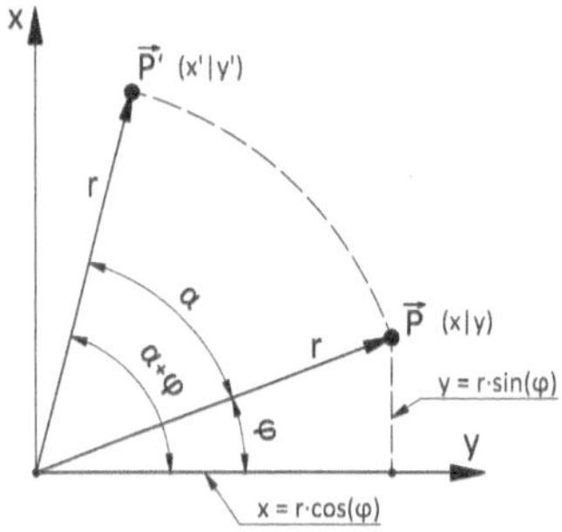

Bild 1.19
Rotation eines Vektors

Der Punkt P (bzw. Vektor $\vec{P}$) soll um den Winkel α rotiert werden. Die Ausgangskoordinaten (x und y) oder die Vektorlänge und der Winkel sind bekannt.

$$x = r \cdot \cos(\varphi) \tag{1.12}$$

$$y = r \cdot \sin(\varphi) \tag{1.13}$$

$$x' = r \cdot \cos(\varphi + \alpha) \tag{1.14}$$

$$y' = r \cdot \sin(\varphi + \alpha) \tag{1.15}$$

Unter Verwendung der Additionstheoreme für die trigonometrischen Funktionen

$$\sin(\varphi + \alpha) = \sin(\varphi) \cdot \cos(\alpha) + \cos(\varphi) \cdot \sin(\alpha)$$
$$\cos(\varphi + \alpha) = \cos(\varphi) \cdot \cos(\alpha) - \sin(\varphi) \cdot \sin(\alpha)$$

erhält man

$$x' = r \cdot \cos(\varphi) \cdot \cos(\alpha) - r \cdot \sin(\varphi) \cdot \sin(\alpha)$$
$$y' = r \cdot \sin(\varphi) \cdot \cos(\alpha) + r \cdot \cos(\varphi) \cdot \sin(\alpha)$$

und damit (Formel 1.12, Formel 1.13)

$$x' = x \cdot \cos(\alpha) - y \cdot \sin(\alpha)$$
$$y' = y \cdot \cos(\alpha) + x \cdot \sin(\alpha)$$

oder in der Matrixschreibweise:

$$\begin{pmatrix} x' \\ y' \end{pmatrix} = \begin{pmatrix} \cos(\alpha) & -\sin(\alpha) \\ \sin(\alpha) & \cos(\alpha) \end{pmatrix} \begin{pmatrix} x \\ y \end{pmatrix} \qquad T = \begin{pmatrix} \cos(\alpha) & -\sin(\alpha) \\ \sin(\alpha) & \cos(\alpha) \end{pmatrix}$$

1.6 Allgemeine Darstellung von Geraden und Kreisen

Für vektorielle Problemstellungen eignen sich die Normalenformen der Elemente Linie und Kreis.

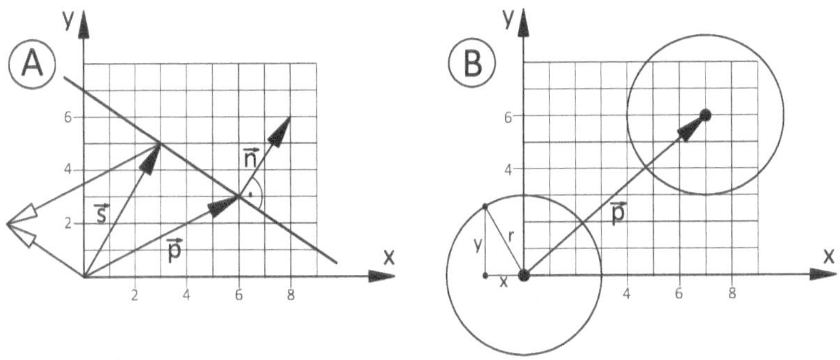

Bild 1.20 Normalenformen von Linie und Kreis

Für die Geradengleichung (A) wird angenommen, dass ein Punkt auf der Geraden bekannt ist ($\vec{p}$). Ein beliebiger Punkt $\vec{s}$ befindet sich dann auf der Geraden, wenn der Normalenvektor $\vec{n}$ senkrecht auf dem Vektor $\vec{s}-\vec{p}$ liegt, also das Skalarprodukt 0 ergibt.

Der Normalenvektor ($\vec{n}$) lässt sich aus der Geraden bestimmen, indem die beiden Komponenten des Geradenvektors getauscht werden und bei einer Komponente das Vorzeichen geändert wird.

Beispiel:

$$\vec{s}-\vec{p}=\begin{pmatrix}3\\5\end{pmatrix}-\begin{pmatrix}6\\3\end{pmatrix}=\begin{pmatrix}-3\\2\end{pmatrix}$$

Normalenvektor:

$$\vec{n}=\begin{pmatrix}2\\3\end{pmatrix} \quad \text{oder} \quad \vec{n}=\begin{pmatrix}-2\\-3\end{pmatrix}$$

1.6.1 Geradengleichung (Normalenform)

$$\left(\vec{s}-\vec{p}\right)\circ\vec{n}=0$$

$$\left(s_x-p_x\right)\cdot n_x+\left(s_y-p_y\right)\cdot n_y=0$$

$$s_x\cdot n_x+s_y\cdot n_y=p_x\cdot n_x+p_y\cdot n_y$$

$$s_x\cdot n_x+s_y\cdot n_y=c \qquad \text{mit} \qquad c=p_x\cdot n_x+p_y\cdot n_y$$

1.6.2 Kreisgleichung (Normalenform)

Für einen Kreis (B, Bild 1.20), dessen Mittelpunkt im Ursprung des Koordinatensystems liegt, gilt der einfache Ansatz über den Satz des Pythagoras:

$$x^2+y^2=r^2$$

Wenn der Mittelpunkt nicht im Ursprung liegt, müssen die entsprechenden Komponenten abgezogen werden:

$$(x-m_x)^2+(y-m_y)^2=r^2$$

Beispiel mit $\vec{M}=\begin{pmatrix}7\\6\end{pmatrix}$ und $r=3$

$$(x-7)^2+(y-6)^2=9$$

1.7 Lösungsansatz für die Schnittpunktberechnung

Der allgemeine Lösungsansatz besteht aus folgenden Schritten:

1. Darstellung der beiden notwendigen Elemente (Linie/Kreis) in der Normalenform
2. Eleminieren einer Unbekannten (z. B. durch das Einsetzungsverfahren)

3. Überführen in die allgemeine Lösungsform für quadratische Gleichungen (falls nötig)
4. Interpretation des Ergebnisses mithilfe der Diskriminanten

Es gibt verschiedene Lösungsmöglichkeiten für quadratische Gleichungen. Hier werden die beiden am häufigsten benutzten angewandt, die PQ- und die ABC-Formel:

Berechnung mit der PQ-Formel

Allgemeine Lösungsform für quadratische Gleichungen:

$$x^2 + px + q = 0 \tag{1.16}$$

$$x_{1,2} = -\frac{p}{2} \pm \sqrt{\left(\frac{p}{2}\right)^2 - q} \qquad \text{mit der Diskriminanten:} \quad D = \left(\frac{p}{2}\right)^2 - q$$

$D < 0$ → keine (reelle) Lösung

$D = 0$ → eine Lösung

$D > 0$ → zwei Lösungen

Berechnung mit der ABC-Formel

Allgemeine Lösungsform für quadratische Gleichungen:

$$a \cdot x^2 + b \cdot x + c = 0 \tag{1.17}$$

$$x_{1,2} = \frac{-b \pm \sqrt{b^2 - 4a \cdot c}}{2 \cdot a} \qquad \text{mit der Diskriminanten:} \quad D = b^2 - 4 \cdot a \cdot c$$

$D < 0$ → keine (reelle) Lösung

$D = 0$ → eine Lösung

$D > 0$ → zwei Lösungen

Die ABC-Formel (Mitternachtsgleichung) hat hier den Vorteil, dass der Koeffizient a nicht ausdividiert werden muss.

1.7.1 Beispiel für eine vektorielle Schnittpunktberechnung (Gerade–Gerade)

Es soll der Schnittpunkt zweier Geraden (L_1 und L_2) ermittelt werden. Die Anfangs- und Endpunkte ($\vec{p}$) der Geraden sind bekannt.

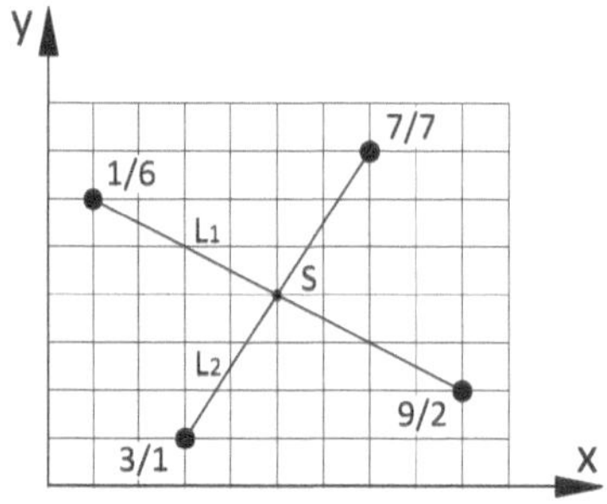

Bild 1.21
Beispiel: Schnittpunkt zweier Geraden

Darstellung der Geraden L_1 in Normalenform

$$\vec{L}_1 = \begin{pmatrix} 9 \\ 2 \end{pmatrix} - \begin{pmatrix} 1 \\ 6 \end{pmatrix} = \begin{pmatrix} 8 \\ -4 \end{pmatrix} \quad \rightarrow \quad \vec{n} = \begin{pmatrix} 4 \\ 8 \end{pmatrix}$$

$$\vec{p} = \begin{pmatrix} 1 \\ 6 \end{pmatrix} \quad \text{(gewählter Punkt)}$$

$$s_x \cdot n_x + s_y \cdot n_y = p_x \cdot n_x + p_y \cdot n_y$$

$$L_1\colon\ s_x \cdot 4 + s_y \cdot 8 = 1 \cdot 4 + 6 \cdot 8$$

$$L_1\colon\ s_x \cdot 4 + s_y \cdot 8 = 52$$

Darstellung der Geraden L_2 in Normalenform

$$\vec{L}_2 = \begin{pmatrix} 7 \\ 7 \end{pmatrix} - \begin{pmatrix} 3 \\ 1 \end{pmatrix} = \begin{pmatrix} 4 \\ 6 \end{pmatrix} \quad \rightarrow \quad \vec{n} = \begin{pmatrix} 6 \\ -4 \end{pmatrix}$$

$$\vec{p} = \begin{pmatrix} 3 \\ 1 \end{pmatrix} \quad \text{(gewählter Punkt)}$$

$$L_2\colon\ s_x \cdot 6 + s_y \cdot -4 = 14$$

$$L_2\colon\ s_y = \frac{14 - s_x \cdot 6}{-4}$$

Einsetzen in L_1

$$s_x \cdot 4 + \left(\frac{14 - s_x \cdot 6}{-4}\right) \cdot 8 = 52$$

$$s_x \cdot 4 - 28 + 12 \cdot s_x = 52$$
$$16 \cdot s_x = 80$$
$$s_x = 5$$

Einsetzen in eine der Geradengleichungen, um s_y zu ermitteln:

$$L_1\text{: } 5 \cdot 4 + s_y \cdot 8 = 52$$
$$s_y = 4$$

Wenn sich eine Variable aufhebt und damit eine Division durch Null entsteht, gibt es keinen Schnittpunkt. In diesem Fall verlaufen die Geraden parallel.

1.7.2 Beispiel für eine vektorielle Schnittpunktberechnung (Gerade-Kreis)

Es sollen die Schnittpunkte einer Geraden (G) und eines Kreises (K) ermittelt werden.

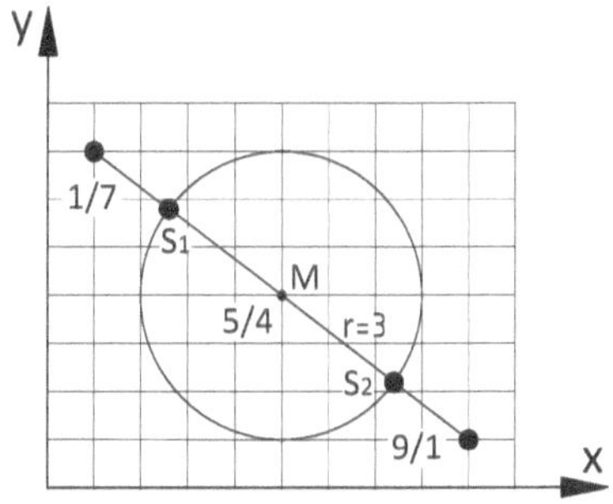

Bild 1.22
Beispiel: Schnittpunkt einer Geraden mit einem Kreis

Darstellung der Geraden in Normalenform

$$\vec{G} = \begin{pmatrix} 9 \\ 1 \end{pmatrix} - \begin{pmatrix} 1 \\ 7 \end{pmatrix} = \begin{pmatrix} 8 \\ -6 \end{pmatrix} \quad \rightarrow \quad \vec{n} = \begin{pmatrix} 6 \\ 8 \end{pmatrix}$$

$$s_x \cdot n_x + s_y \cdot n_y = p_x \cdot n_x + p_y \cdot n_y$$

$$G\text{: } s_x \cdot 6 + s_y \cdot 8 = 1 \cdot 6 + 7 \cdot 8$$

Darstellung des Kreises in Normalenform

$$K:\ (s_x - m_x)^2 + (s_y - m_y)^2 = r^2$$

$$K:\ (s_x - 5)^2 + (s_y - 4)^2 = 3^2$$

Einsetzen der Geradengleichung in die Kreisgleichung

$$(s_x - 5)^2 + \left(\left(\frac{62 - 6 \cdot s_x}{8}\right) - 4\right)^2 = 3^2$$

$$s_x^{\ 2} - 10 \cdot s_x + 25 + \left(3{,}75 - 0{,}75 \cdot s_x\right)^2 = 9$$
$$s_x^{\ 2} - 10 \cdot s_x + 25 + 14{,}0625 - 5{,}625 \cdot s_x + 0{,}5625 \cdot s_x^{\ 2} = 9$$
$$1{,}5625 \cdot s_x^{\ 2} - 15{,}625 \cdot s_x + 30{,}0625 = 0$$

Lösung über die ABC-Formel

$$a \cdot x^2 + b \cdot x + c = 0$$

$$x_{1,2} = \frac{-b \pm \sqrt{b^2 - 4a \cdot c}}{2 \cdot a}$$

mit der Diskriminante:

$$D = b^2 - 4 \cdot a \cdot c = 56{,}25$$

Da $D > 0$ ist, gibt es zwei Lösungen:

$$x_1 = 7{,}4 \ \text{ und } \ x_2 = 2{,}6$$

Durch Einsetzen in die Geradengleichung

$$s_y = \frac{62 - 6 \cdot s_x}{8}$$

ergeben sich die y-Werte:

$$y_1 = 2{,}2 \ \text{ und } \ y_2 = 5{,}8$$

Die beiden Schnittpunkte sind damit:

$$\vec{S}_1 = \begin{pmatrix} 2{,}6 \\ 5{,}8 \end{pmatrix} \ \text{ und } \ \vec{S}_2 = \begin{pmatrix} 7{,}4 \\ 2{,}2 \end{pmatrix}$$

1.7.3 Beispiel für eine vektorielle Schnittpunktberechnung (Kreis-Kreis)

Die Berechnung der Schnittpunkte zweier Kreise geschieht, indem zunächst die Geradengleichung ermittelt wird, die beide Schnittpunkte abbildet. Wenn die Problemstellung nicht anschaulich ist, muss zudem ermittelt werden, ob es zwei Schnittpunkte, einen Berührungspunkt oder keinen gemeinsamen Punkt gibt. Dies kann über den Abstand der beiden Kreise ermittelt werden.

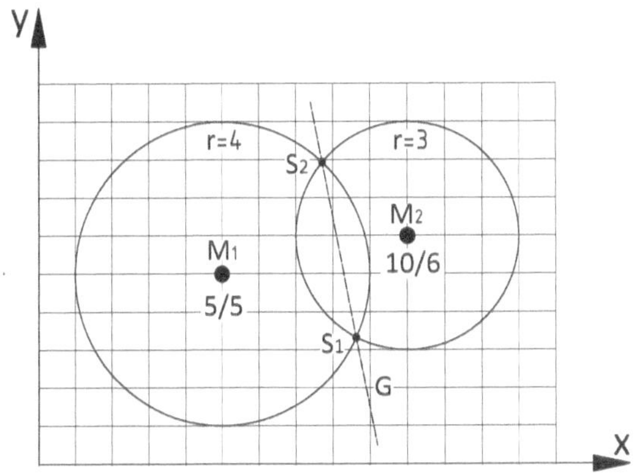

Bild 1.23
Beispiel: Schnittpunkte zweier Kreise

Darstellung der Kreise in Normalenform

$$K_1:\ (x - mx_1)^2 + (y - my_1)^2 = r_1^2$$

$$K_2:\ (x - mx_2)^2 + (y - my_2)^2 = r_2^2$$

$$K_1:\ (x-5)^2 + (y-5)^2 = 4^2$$

$$K_2:\ (x-10)^2 + (y-6)^2 = 3^2$$

Auflösen der Gleichungen

$$K_1:\ x^2 - 2\cdot 5\cdot x + 25 + y^2 - 2\cdot 5\cdot y + 25 = 16$$

$$K_2:\ x^2 - 2\cdot 10\cdot x + 100 + y^2 - 2\cdot 6\cdot y + 36 = 9$$

Subtraktion der Kreisgleichungen (hier K_2 - K_1), um die Geradengleichung zu erhalten

$$(x^2 - x^2) + (-20\cdot x + 10\cdot x) + (100 - 25) + (y^2 - y^2) + (-12\cdot y + 10\cdot y) + (36 - 25) = (9 - 16)$$

$$-10 \cdot x + 75 - 2 \cdot y + 11 = -7$$

$$G:\; y = \frac{93}{2} - 5 \cdot x$$

Einsetzen der Geradengleichung (*G*) in eine der Kreisgleichungen (hier K_1)

$$(x-5)^2 + \left(\left(\frac{93}{2} - 5 \cdot x\right) - 5\right)^2 = 4^2$$

$$x^2 - 10 \cdot x + 25 + 41{,}5^2 - 2 \cdot 41{,}5 \cdot 5 \cdot x + 25 \cdot x^2 = 16$$

$$26 \cdot x^2 - 425 \cdot x + 1747{,}25 = 16$$

$$x^2 - 16{,}346 \cdot x + 66{,}587 = 0$$

Berechnung mit der PQ-Formel

$$x^2 + px + q = 0$$

$$x_{1,2} = -\frac{p}{2} \pm \sqrt{\left(\frac{p}{2}\right)^2 - q}$$

$$x_1 = -\frac{-16{,}346}{2} + \sqrt{\left(\frac{-16{,}346}{2}\right)^2 - 66{,}587} = 8{,}634$$

$$x_2 = -\frac{-16{,}346}{2} - \sqrt{\left(\frac{-16{,}346}{2}\right)^2 - 66{,}587} = 7{,}712$$

Durch Einsetzen der *x*-Koordinaten in die Geradengleichung (*G*) ergeben sich die *y*-Werte:

$$y_1 = \frac{93}{2} - 5 \cdot 8{,}634 = 3{,}329$$

$$y_2 = \frac{93}{2} - 5 \cdot 7{,}712 = 7{,}940$$

2 CNC-Befehle

Für die CNC-Beispiele werden lediglich ausgewählte Befehle des G-Code-Satzes nach DIN 66025/ISO 6983 verwendet. Dieser G-Code sollte von jeder Maschine und Simulationssoftware interpretierbar sein. In der Praxis wird von einigen ursprünglichen Definitionen teilweise abgewichen.

Die folgende Liste beschreibt die hier verwendeten CNC-Befehle. Die Befehle sind in Gruppen eingeteilt, innerhalb derer diese modal (selbsthaltend) wirken. Auf die modale Schreibweise wird hier verzichtet, um die Lesbarkeit des Codes zu erhöhen.

2.1 G00 – lineare Bewegung im Eilgang

Syntax: **G00** X Y Z A B C (Gruppe 1)

Die Maschine verfährt den Arbeitspunkt (Werkzeug) mit maximaler Geschwindigkeit an die angegebene Position. Koordinaten (*x*, *y*, *z*) und/oder Drehachsen (*A*, *B*, *C*), die nicht angegeben wurden, bleiben erhalten.

Beispiel Drehen

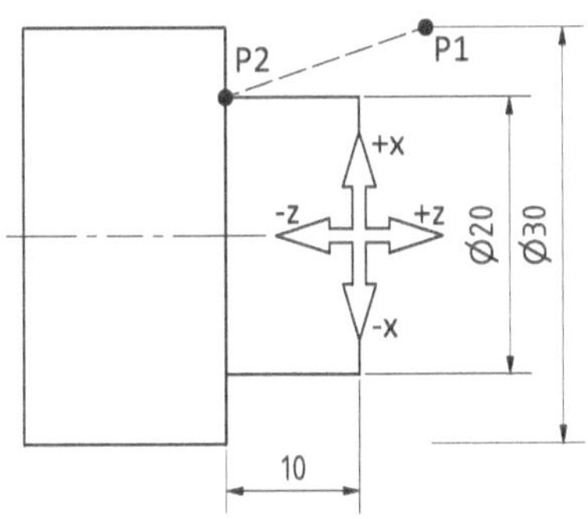

Bild 2.1
CNC-Befehl G00 (Beispiel Drehen)

Der Durchmesser 20 mm an der *z*-Position −10 mm wird angefahren (*x*-Koordinaten sind bei Drehmaschinen Durchmesserwerte und nicht kartesisch).

```
G0 X30 Z5    ; Punkt P1
G1 X20 Z-10  ; Punkt P2
```

Beispiel Fräsen

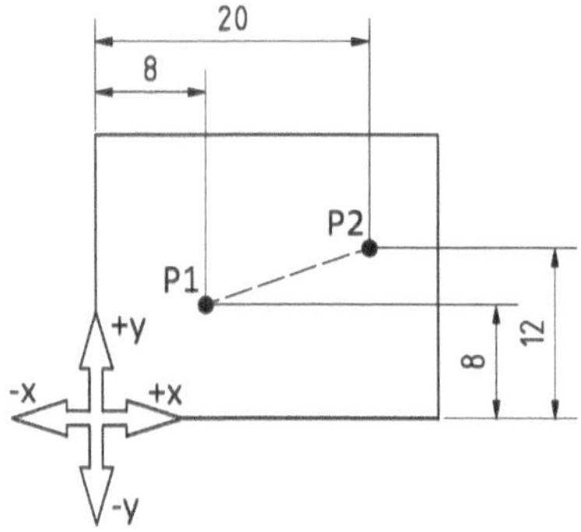

Bild 2.2
CNC-Befehl G00 (Beispiel Fräsen)

Die Position X20, Y12, Z−5 (*P2*) wird angefahren. Zuvor wird am Startpunkt *P1* auf Bearbeitungstiefe eingetaucht.

```
G0 X8 Y8 Z2   ; Punkt P1
G1 Z-5        ; auf Tiefe
G1 X20 Y12    ; Punkt P2
```

2.2 G01 – lineare Bewegung in Vorschubgeschwindigkeit

Syntax: **G01** X Y Z A B C (Gruppe 1)

Die Maschine verfährt den Arbeitspunkt (Werkzeug) mit der angegebenen Vorschubgeschwindigkeit an die angegebene Position. Koordinaten (*x*, *y*, *z*) oder Drehachsen (*A*, *B*, *C*), die nicht angegeben wurden, bleiben erhalten.

2.3 G02 – Kreisbogen im Uhrzeigersinn

Syntax: **G02** X Y Z I J K (Gruppe 1)

Es wird ein Kreisbogen in Vorschubgeschwindigkeit im Uhrzeigersinn abgefahren, der am Zielpunkt (x, y, z) endet. Die Parameter I, J und K geben den relativen Abstand des Kreismittelpunkts zum Startpunkt an. Die verwendete Parametrisierung garantiert eine mathematisch eindeutige Beschreibung des Kreisbogens und wird hier daher einer vereinfachten Darstellung (z. B. über die Angabe des Radius) vorgezogen.

Beispiel Fräsen

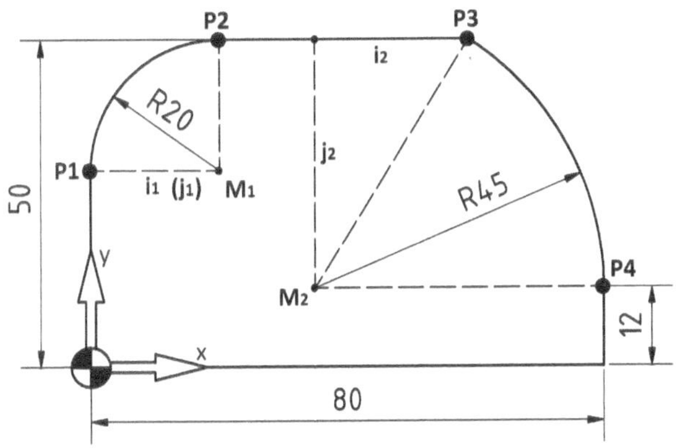

Bild 2.3 CNC-Befehl G02 (Beispiel Fräsen 1)

```
G01 X0 Y0                    ; Startpunkt
G01 X0 Y30                   ; P1
G02 X20 Y50 I20 J0           ; P2
G01 X59.104                  ; P3
G02 X80 Y12 I-24.104 K-38 ; P4
```

Schritt 1: Ursprungspunkt

Zunächst wird der Startpunkt (X0, Y0) im Koordinatenursprung angefahren.

Schritt 2: Linear auf Punkt *P*1 fahren

$$P1_x = 0$$

$$P1_y = 50 - 20 = 30 \text{ (Höhe - Radius 20 mm)}$$

Schritt 3: Kreisbogen zum Punkt *P2*

Die *J*-Komponente des Bogens ist 0, da der Startpunkt (*P*1) und der Mittelpunkt (*M*1) auf gleicher Höhe liegen.

$$P2_x = 20 \qquad I_1 = M1_x - P1_x = 20$$
$$P2_y = 50 \qquad J_1 = M1_y - P1_y = 0$$

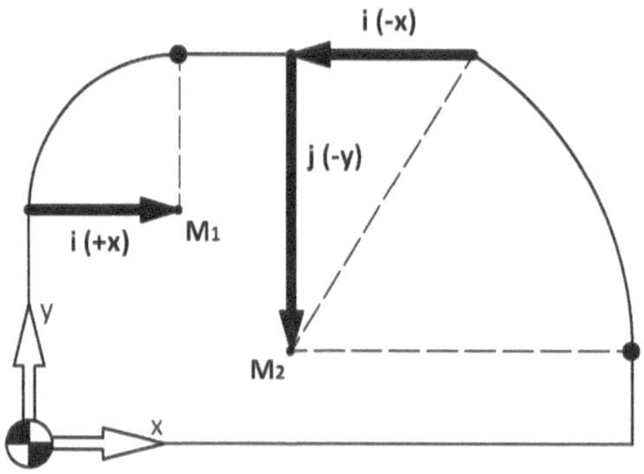

Bild 2.4
CNC-Befehl G02 (Beispiel Fräsen 2)

Schritt 4: Linear auf den Punkt *P3* fahren

$$M2_x = 80 - 45 = 35 \qquad M2_y = 12$$

$$I_2 = \sqrt{45^2 - 38^2} = 24{,}104 \quad \text{(vorzeichenlos)}$$
$$J_2 = M2_y - P3_y = 12 - 50 = -38$$

$$P3_x = M2_x + |I2_x| = 35 + 24{,}104 = 59{,}104$$
$$P3_y = 50$$

Schritt 5: Kreisbogen zum Punkt *P4*

$$I_2 = -24{,}104 \ (\text{relativ zu Punkt } P3)$$

Die Vorzeichen der Komponenten *I*, *J* und *K* hängen von der relativen Lage des Bogen- bzw. Kreismittelpunkts ab. Wenn dieser in negativer Richtung in Bezug auf den Startpunkt liegt, sind die Vorzeichen negativ. Die Komponenten I_2 und J_2 sind im Beispiel negativ, da der Mittelpunkt M_2 links unterhalb des Startpunkts liegt.

Für die Anfahrt (Bogen) auf den Punkt *P*4 liegen bereits alle notwendigen Werte vor, da diese für die Berechnung des Punkts *P*3 notwendig waren.

2.4 G03 – Kreisbogen gegen den Uhrzeigersinn

Syntax: **G03** X Y Z I J K (Gruppe 1)

Es wird ein Kreisbogen in Vorschubgeschwindigkeit gegen den Uhrzeigersinn abgefahren, der am Zielpunkt (x, y, z) endet. Die Parameter I, J und K geben den relativen Abstand des Kreismittelpunkts zum Startpunkt an.

Beispiel Drehen

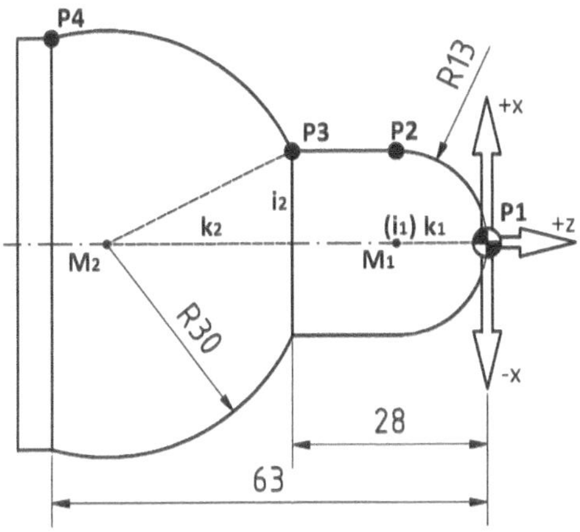

Bild 2.5
CNC-Befehl G03 (Beispiel Drehen 1)

```
G01 X0 Z0                       ; P1
G03 X26 Z-13 I0 K-13            ; P2
G01 Z-28                        ; P3
G03 X57.848 Z-63 I-13 K-27.037  ; P4
```

Schritt 1: Ursprungspunkt *P*1 anfahren

Zunächst wird der Startpunkt (X0, Z0) im Koordinatenursprung angefahren.

Schritt 2: Viertelkreis zum Punkt *P*2

$$P2_x = 13 \cdot 2 = 26 \qquad I_1 = \frac{(M1_x - P1_x)}{2} = 0$$

$$P2_z = -13 \qquad K_1 = M1_z - P1_z = -13$$

Schritt 3: Linear auf den Punkt *P*3 fahren

$$P3_x = 13 \cdot 2 = 26$$
$$P3_z = -28$$

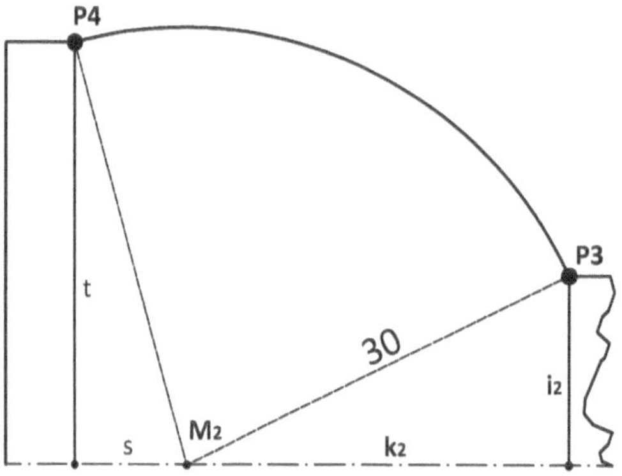

Bild 2.6
CNC-Befehl G03 (Beispiel Drehen 2)

Schritt 4: Kreisbogen zum Punkt *P*4

$$M2_x = 0$$

$$I_2 = \frac{(M2_x - P3_x)}{2} = \frac{0-26}{2} = -13$$

$$K_2 = -\sqrt{30^2 - I_2^{\,2}}$$
$$K_2 = -\sqrt{30^2 - (-13^2)} = -27{,}037$$

$$M2_z = -28 + K_2 = -55{,}037$$

$$s = 63 - |M2_z| = 63 - 55{,}037 = 7{,}963$$
$$t = \sqrt{30^2 - s^2} = \sqrt{30^2 - 7{,}963^2} = 28{,}924$$

$$P4_x = 2 \cdot t = 2 \cdot 28{,}924 = 57{,}848$$
$$P4_z = -63$$

2.5 G40 – Abschalten der Radiuskorrektur

Syntax: **G40** (Gruppe 7)

Die zuvor gewählte Radiuskorrektur (G41 oder G42) wird deaktiviert. Die Abwahl der Radiuskorrektur muss in Verbindung mit einem G00- oder G01-Befehl erfolgen.

2.6 G41 – Anschalten der Radiuskorrektur nach links

Syntax: **G41** (Gruppe 7)

Das Werkzeug wird links (in Bewegungsrichtung betrachtet) von der Kontur positioniert. Die Radiuskorrektur muss in Verbindung mit einem G00- oder G01-Befehl erfolgen.

Beispiel für die Radiuskorrektur G41 beim Fräsen

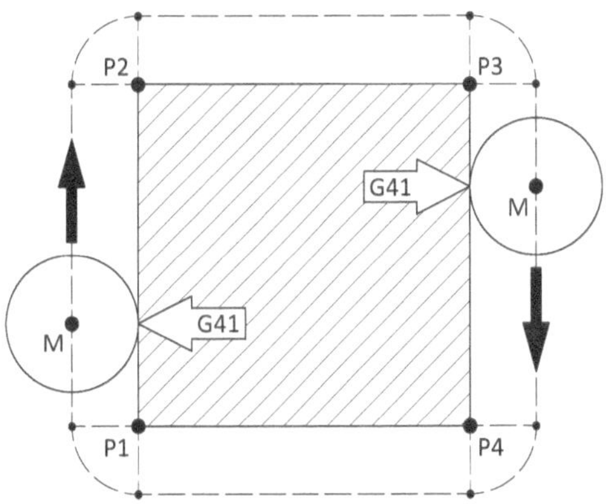

Bild 2.7
Werkzeugradiuskorrektur

Die unkorrigierte Fräserbahn würde den Mittelpunkt des Werkzeugs M entlang der Kontur *P*1-*P*2-*P*3-*P*4-*P*1 führen. Durch die Korrektur G41 berechnet die Steuerung eine Äquidistante zur programmierten Kontur. Für die Berechnung dieser Bahn müssen einige Konturpunkte im Voraus gelesen werden, damit Hinterschneidungen und Engstellen korrekt behandelt werden können. Da sich mit der Korrektur der Fräser um seinen Radius von der Kontur hinwegbewegt, muss diesem eine Ein- und Ausfahrbewegung ermöglicht werden.

Eine fehlerfreie Werkzeugradiuskompensation ist nur möglich, wenn einige Bedingungen eingehalten werden:

Bedingung 1

Die Richtungen links und rechts sind nur auf einer Ebene definiert. Eine Werkzeugradiuskorrektur innerhalb einer 3D-Bewegung (Verfahren aller drei Hauptachsen) ist daher nicht zulässig. Die Anwahl der Werkzeugradiuskorrektur G41 muss daher mit einem linearen Verfahrbefehl (G01/G02) in der Arbeitsebene erfolgen.

Bedingung 2

Innerhalb des Korrekturlaufs darf keine Änderung der Arbeitsebene erfolgen. Da beim Fräsen in der Regel in der *xy*-Ebene gearbeitet wird, bedeutet dies, dass keine Verfahrbewegung in *Z*-Richtung erfolgen darf.

Bedingung 3

Da das Werkzeug sich um den eigenen Radius versetzen muss, ist es notwendig, eine Anfahrbewegung zu programmieren, die diese Bewegung zulässt. Der Startpunkt der Fräsbahn sollte mindestens um den Werkzeugdurchmesser vom ersten Konturpunkt entfernt liegen.

Anfahrstrategien

Sollten keine speziellen CNC-Befehle genutzt werden, die eine geeignete Konturanfahrt unterstützen, bietet es sich an, den ersten Verfahrbefehl in Richtung des Bearbeitungswegs durchzuführen.

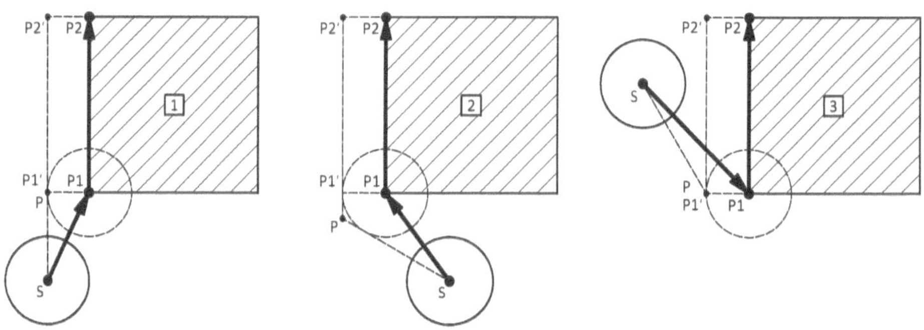

Bild 2.8 Anfahrstrategien bei der Radiuskorrektur

Die Steuerung wird den lotrecht im Abstand des Fräserradius auf *P*1-*P*2 stehenden Punkt *P*1' anfahren, nachdem die Bahnkorrektur (hier G41) aktiviert wurde.

Das Beispiel 1 zeigt eine Bewegung, bei der die korrigierte Fräsermittelpunktsbahn *S*-*P*1'-*P*2' kollinear verläuft. Hier bildet sich kein Gratansatz am Punkt *P*1, allerdings ist die Berechnung des Startpunkts nur bei einem vertikalen oder horizontalen Startvektor *P*1-*P*2 trivial.

Im Beispiel 2 kann die Steuerung den Punkt *P*1' nicht ohne Beschädigung der Kontur anfahren. Daher wird ein Sicherheitsabstand um *P*1 eingehalten, der dem Werkzeugradius entspricht, und der Startpunkt *P* liegt nicht mehr auf dem Punkt *P*1'. Diese Anfahrt erzeugt keinen Grat am Punkt *P*1, und sie ist einfach zu realisieren. Daher empfiehlt sich diese Methode sowohl für Anfahrt als auch für die Abfahrt.

Das Beispiel 3 zeigt eine Anfahrt gegen die Konturrichtung. Die Steuerung kann den Startpunkt *P* korrekt berechnen, allerdings überfährt das Werkzeug diesen Punkt nicht, und es kann zu einem Grat führen.

Konturschutz

Die Maschinensteuerungen werden bei einem G41/G42-Korrekturlauf die programmierte Kontur schützen. Um dies zu gewährleisten, müssen unerreichbare Punkte und hinterschnittene Bereiche erkannt werden. Die Steuerungen lesen daher einige Bewegungsbefehle im Voraus aus. Das Beispiel zeigt, dass die innere Tasche nicht erreichbar ist und sich am Punkt *P*3 und *P*14 der Schneidenradius abbildet.

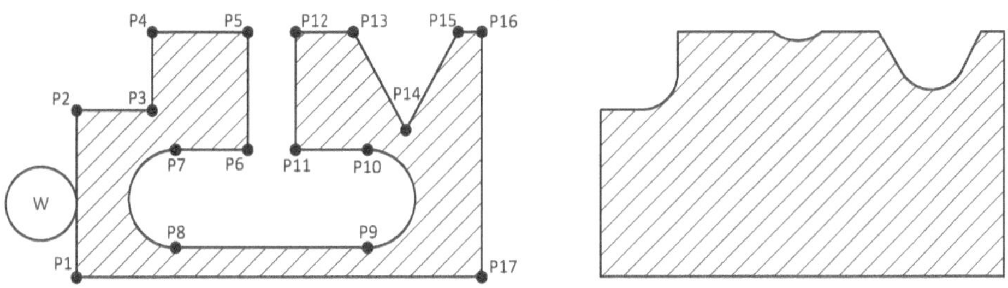

Bild 2.9 Konturschutz bei der Radiuskorrektur

2.7 G42 – Anschalten der Radiuskorrektur nach rechts

Syntax: **G42** (Gruppe 7)

Das Werkzeug wird rechts (in Bewegungsrichtung betrachtet) von der Kontur positioniert (siehe auch G41).

■ 2.8 G54 – Nullpunktverschiebung

Syntax: **G54** (Gruppe 14)

Der Werkstücknullpunkt wird um die im G54 Register hinterlegten Koordinaten absolut verschoben. G54 gehört zu einer Gruppe von Registern (G54, G55, G56, G57), die unabhängig voneinander genutzt werden können. Der Werkstücknullpunkt befindet sich vor dem Aufruf der Verschiebung auf dem Maschinennullpunkt.

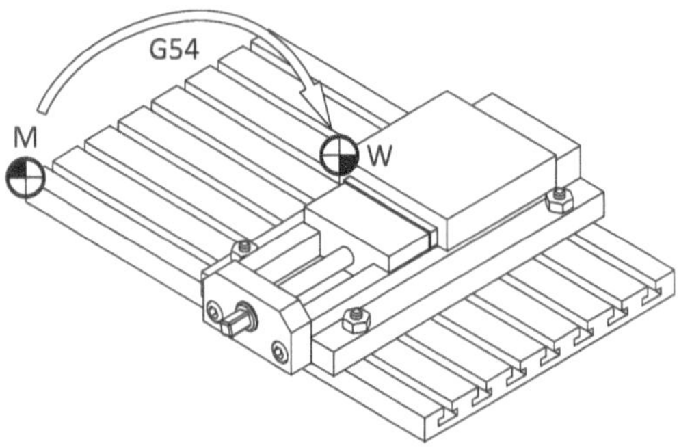

Bild 2.10
Nullpunktverschiebung

Im Nullpunktregister sind die absoluten Verschiebungen (*x*, *y* und *z*) zum Maschinennullpunkt hinterlegt. Nachdem die Maschine referenziert wurde, also die Endpositionen aller verfügbaren Achsen angefahren hat, kennt diese ihren eigenen Maschinennullpunkt, und eine Verschiebung (G54) kann im Programm ausgelöst werden.

■ 2.9 T# – Werkzeugauswahl

Syntax: **T#**

Der T-Befehl wechselt das Werkzeug mit der Nummer # ein (z. B. T1). Falls kein automatischer Werkzeugwechsler vorhanden ist, wird das angegebene Werkzeug (Tool) registriert. Die Steuerung muss über die notwendigen Werkzeugdaten verfügen, um fehlerfrei arbeiten zu können. Insbesondere die Werkzeuglänge und der Durchmesser müssen bekannt sein. Die entsprechenden Daten werden bei der Einrichtung in Korrekturregistern hinterlegt (D) und in der Regel mit dem T-Befehl angegeben:

Beispiel: **T7 D1**

2.10 M06 – Werkzeugwechsel

Syntax: **M06**

Der M06-Befehl spannt das gewählte Werkzeug bzw. reinigt die Werkzeugaufnahme. Die Spannung kann elektromagnetisch oder mechanisch erfolgen und ist nicht notwendig, wenn die Werkzeuge bereits im Wender fixiert sind. Daher kommt der Befehl bei Drehmaschinen selten zur Anwendung.

2.11 S# – Spindeldrehzahl

Syntax: **S#**

Mit dem Adressbuchstaben S wird, je nach der Maschinenvoreinstellung, die Spindeldrehzahl oder die Schnittgeschwindigkeit angegeben. Während bei Fräsmaschinen die Drehzahl (U/min) relevanter ist, wird bei Drehmaschinen meist die Schnittgeschwindigkeit angegeben (m/min). Drehmaschinen sind damit in der Lage, ihre Drehzahl in Abhängigkeit vom aktuellen Bearbeitungsdurchmesser zu regeln.

Beispiele:

```
S2200    ; beim Fräsen 2200U/min (Drehzahl)
S180     ; beim Drehen 180m/min  (Schnittgeschwindigkeit)
```

2.12 F# – Vorschub

Syntax: **F#**

Mit dem Adressbuchstaben F wird der Vorschub (Feed) angegeben. Bei Fräsmaschinen ist dies die Vorschubgeschwindigkeit des Werkzeugs (mm/min). Bei Drehmaschinen wird hingegen der Vorschub in Abhängigkeit von der Drehzahl angegeben (mm/U). Beispiele:

```
F800    ; beim Fräsen 800mm/min
F0.8    ; beim Drehen 0.8mm/U
```

3 Fräsübungen

3.1 Ausführliche Einführungsaufgabe

In dieser Einführungsaufgabe soll lediglich eine quadratische Nut in ein Werkstück gefräst werden. Die Hinweise zur Bearbeitung gelten auch für alle nachfolgenden Aufgaben:

- Es wird davon ausgegangen, dass eine Nut mit einem gleich großen Fräser gefertigt werden kann. Da der Nenndurchmesser der Werkzeuge sich durch Nachschliff und Abnutzung ändert, ist dies nicht immer möglich.
- Der Nullpunkt wird in der Regel auf der linken unteren Ecke des Werkstücks angenommen.
- Das Werkstück wird als vorbearbeitet betrachtet und daher auch nicht geplant.
- Im Werkzeugwechsler befinden sich die notwendigen Fräser auf den angegebenen Positionen (meist Tool 1) und werden immer mit dem Korrekturregister D1 beschrieben.
- CNC-Befehle werden in der zweistelligen Darstellung (z. B. G01 statt G1) angegeben. Dies dient nur der Lesbarkeit und hat keinen technologischen Hintergrund.
- Die Positionsangaben werden von Maschinen unterschiedlich interpretiert. Die normale Koordinatenangabe im metrischen System erfolgt in Millimetern und auf drei Nachkommastellen genau, da dies der üblichen Reproduktionsgenauigkeit entspricht. Einige Steuerungen interpretieren Ganzzahlen als Mikrometerangabe. Dies wird hier nicht berücksichtigt.

Für die hier vorgestellten Beispielaufgaben sind in der Praxis Vorbereitungen an den Maschinen nötig. In den CNC-Programmen werden verschiedene Register genutzt, die durch die Einrichtungsarbeiten mit Daten gefüllt werden. In diesem Beispiel wird einmalig gezeigt, welche Arbeitsschritte dafür vorausgegangen sein müssen.

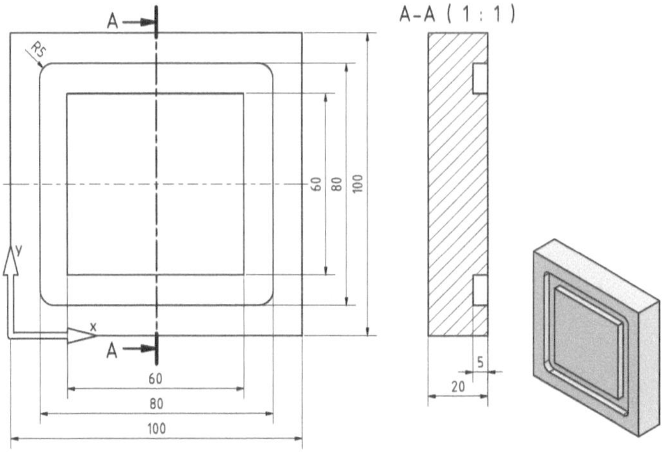

Bild 3.1 Einführungsaufgabe: Fräsen

3.1.1 Referenzieren der Maschine

Werkzeugmaschinen vermessen ihre Arbeitswege relativ und kennen daher nach einem Neustart ihr eigenes Koordinatensystem noch nicht. Indem eine Initialisierung gestartet wird, sucht die Maschine ihre Referenzpunkte und kennt danach den Maschinennullpunkt. Die Referenzpositionen werden entweder durch optische Aufnehmer oder mechanische Endschalter bestimmt.

3.1.2 Einrichten des Nullpunkts

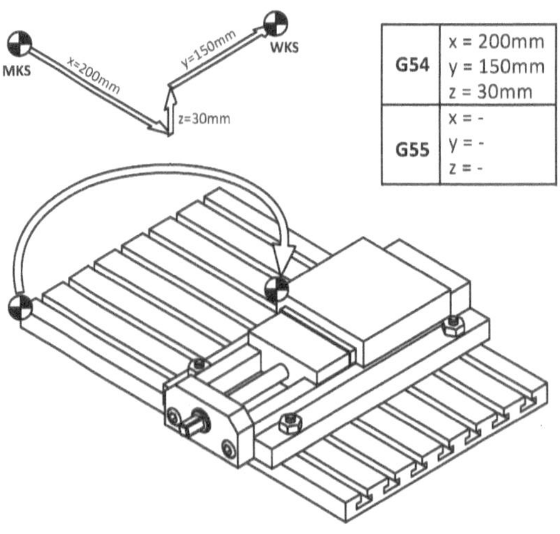

G54	x = 200mm y = 150mm z = 30mm
G55	x = - y = - z = -

Bild 3.2
Einrichten des Werkstücknullpunkts

Der Maschinennullpunkt ist die Basis des Maschinen-Koordinatensystems (MKS) und befindet sich an einem vom Hersteller definierten Punkt. Häufig ist dies die vordere linke Ecke des Hauptschlittens.

Um den Werkstücknullpunkt zu definieren, muss die Entfernung zum Maschinennullpunkt bestimmt werden. Dies kann durch optische oder mechanische Methoden (Antasten) erfolgen. Der Werkstücknullpunkt ist die Basis des Werkstück-Koordinatensystems (WKS). Die Koordinaten werden in einem der Nullpunktregister hinterlegt (z.B. G54), das im CNC-Programm aufgerufen werden muss.

3.1.3 Einrichten der Werkzeugparameter

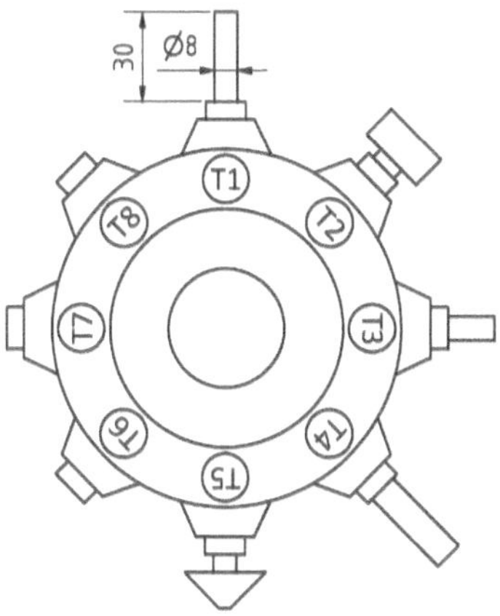

D1	Ø: 8mm Länge: 30mm
D2	Ø: - Länge: -
D3	Ø: - Länge: -
...	Ø: - Länge: -

Bild 3.3
Einrichten der Werkzeugparameter

Der Werkzeugwechsler kann mit einem T-Befehl angesprochen werden. Nach dem Einwechseln und gegebenenfalls Spannen (M06) des Werkzeugs muss die Steuerung die notwendigen Parameter erhalten. Im einfachsten Fall ist dies die Werkzeuglänge. Für Radiuskorrekturen ist zudem der Durchmesser nötig. Alle Werkzeugdaten können in Schneidenregistern hinterlegt werden, die für jedes Werkzeug zur Verfügung stehen. In den nachfolgenden Beispielen wird davon ausgegangen, dass die Korrekturnummer immer D1 ist.

3.1.4 Bearbeitungsfolge

Der Fräser wird zunächst mit einem Sicherheitsabstand im Eilgang über dem Punkt *P*1 positioniert. Danach wird in Vorschubgeschwindigkeit die Bearbeitungstiefe angefahren. Die Kontur wird nun im Uhrzeigersinn (*P*1-*P*2-*P*3-*P*4-*P*1) abgefahren. Die Radien entstehen zwangsweise und entsprechen dem Fräserradius. Am Ende wird das Werkzeug auf eine Rückzugsebene gefahren und das Programm beendet.

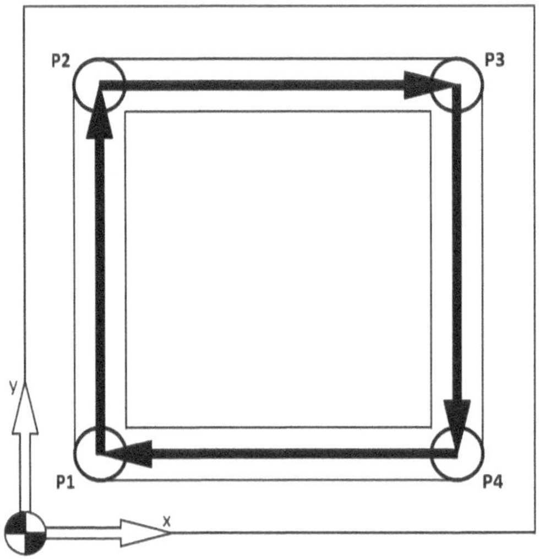

Bild 3.4 Einführungsaufgabe: Bearbeitungsfolge

Irrelevante Anweisungen (modale haltende Anweisungen) werden hier einmalig dargestellt.

Listing 3.1 CNC-Programm

```
N010 G54                  ; Nullpunktverschiebung
N020 T1 D1                ; Tool 1 (D10mm) einwechseln
N030 M06                  ; Werkzeug spannen
N040 S2000 F800 M03       ; Technologiedaten
N050 G00 X15 Y15 Z5       ; über P1 mit Sicherheitsabstand
N060 G01 X15 Y15 Z-5      ; in Vorschub auf Tiefe
N070 G01 X15 Y85 Z-5      ; in Vorschub auf P2
N080 G01 X85 Y85 Z-5      ; in Vorschub auf P3
N090 G01 X85 Y15 Z-5      ; in Vorschub auf P4
N100 G01 X15 Y15 Z-5      ; in Vorschub zurück auf P1
N110 G00 X15 Y15 Z20      ; Rückzugsebene anfahren
N120 M30                  ; Programmende
```

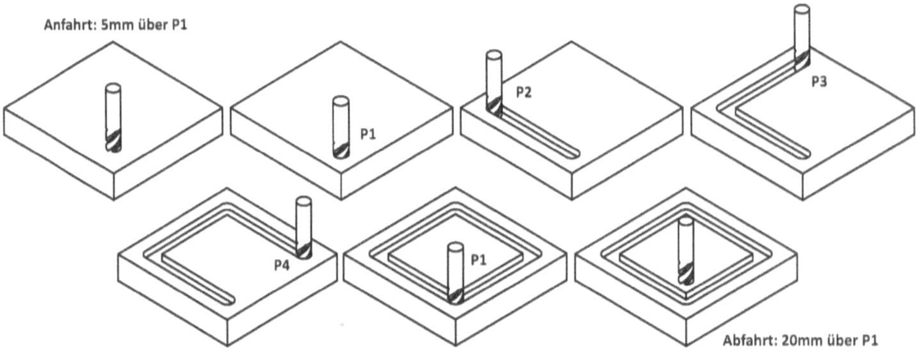

Bild 3.5 Einführungsaufgabe: Arbeitsschritte

3.2 Aufgabe 1 (Geraden, orthogonal)

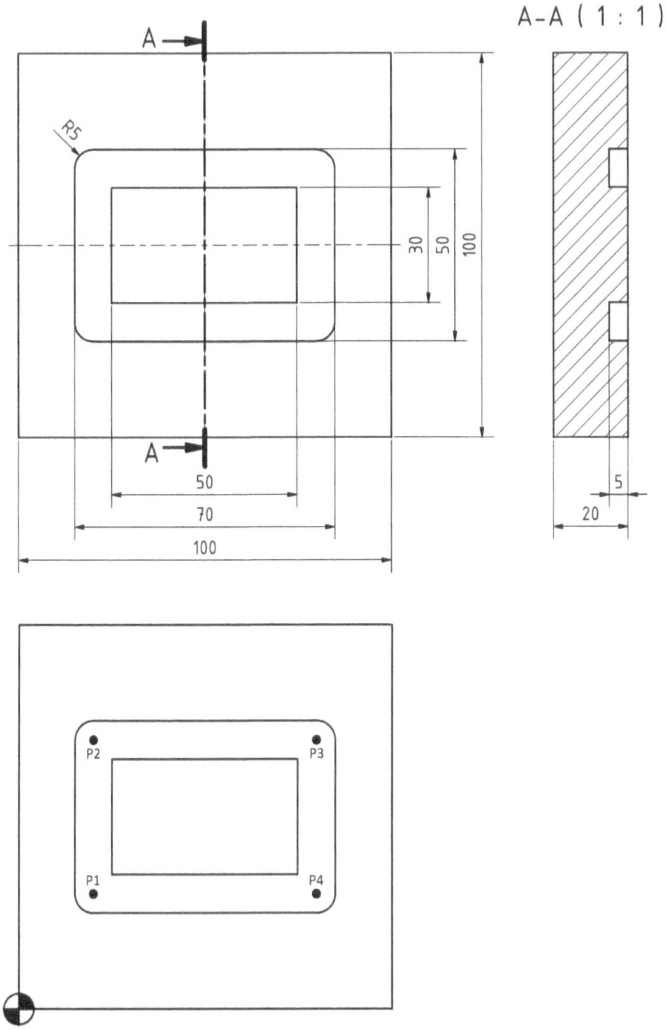

Bild 3.6 Zeichnung der Fräsaufgabe 1

Video der Bearbeitungssimulation: Aufgabe_Fraesen_01.mp4

Das Werkstück ist bereits mit seinen Rohabmessungen bearbeitet worden, und es soll lediglich die Rechtecknut gefertigt werden. Es wird hier davon ausgegangen, dass der Fräserdurchmesser der Nutbreite und der Fräserradius dem Nutradius entspricht und daher nur die Mittelpunktsbahn des Werkzeugs abgefahren werden muss. In der Praxis kann nicht davon ausgegangen werden, dass die eingesetzten Werkzeuge völlig maßhaltig sind, da Abnutzung, Anschliff und Fertigungstoleranzen dies beeinflussen.

```
N010 G54                 ; Nullpunktverschiebung
N020 T1 D1               ; Tool 1 (D10mm) einwechseln
N030 M06                 ; Werkzeug spannen
N040 S2000 F800 M03      ; Technologiedaten
N050 G00 X15 Y20 Z2      ; über P1 mit Sicherheitsabstand
N060 G01 Z-5             ; in Vorschub auf Tiefe
N070 G01 Y60             ; in Vorschub auf P2
N080 G01 X40             ; in Vorschub auf P3
N090 G01 Y80             ; in Vorschub auf P4
N100 G01 X85             ; in Vorschub auf P5
N110 G01 Y20             ; in Vorschub auf P6
N120 G01 X15             ; in Vorschub zurück auf P1
N130 G00 Z20             ; Rückzugsebene anfahren
N140 M30                 ; Programmende
```

Ausführliche Beschreibung der Arbeitsfolgen:

Zeile N010:

Zunächst wird der Werkstücknullpunkt mit dem Befehl G54 festgelegt. Der notwendige Abstand vom Maschinennullpunkt aus betrachtet, wurde bei der Einrichtung der Maschine in *X*-, *Y*- und *Z*-Richtung festgelegt. Der Koordinatenursprung liegt nun auf der Oberseite des Werkstücks (links unten). Da die Bearbeitung bei allen Beispielen von oben stattfindet, wurde darauf verzichtet, den Nullpunkt in der Seitenansicht darzustellen.

Zeile N020:

Mit dem Befehl T1 wird das Werkzeug 1 in die Arbeitsposition bewegt (z.B. durch einen Revolver). Es wird davon ausgegangen, dass an dieser Werkzeugwenderposition ein Schaftfräsen mit dem Durchmesser 10 mm eingespannt wurde. Das Werkzeug steht nun senkrecht auf der Bearbeitungsebene (*X*, *Y*). Der Befehl D1 ordnet dem Werkzeug die notwendigen Korrekturdaten zu (insbesondere Durchmesser und Länge). Da jedem Werkzeug eine eigenständige Gruppe von Korrekturregistern zugeordnet ist, kann dieses Register auch für andere Werkzeuge genutzt werden.

Zeile N030:

Der Befehl M06 spannt das eingewechselte Werkzeug bzw. die Vorrichtung (z.B. Spannzangenhalter). Dies kann mechanisch oder magnetisch erfolgen und geht häufig mit einem „Ausblasen“, also Reinigen der Spannvorrichtung mit Druckluft, einher.

Zeile N040:

Der Steuerung werden die gewählten Technologiedaten mitgeteilt. *S* ist beim Fräsen die Drehzahl (Speed) in U/min, *F* der Vorschub (Feed) in mm/min und M03 die Drehrichtung im Uhrzeigersinn. Je nach Werkzeug kann die Gegenrichtung (M04) nötig sein, um z. B. ein Linksgewinde zu schneiden. Die Technologiedaten hängen vom Werkzeug, Werkstoff und von den Bearbeitungsbedingungen ab. Diese werden vom Werkzeughersteller zur Verfügung gestellt.

Zeile N050:

Das Werkzeug wird mit seinem Bezugspunkt (Unterseite/Drehachse), den die Steuerung aus den Daten des Korrekturregisters D1 errechnen kann, 2 mm über dem Startpunkt positioniert. Diese Anfahrt geschieht mit maximaler Geschwindigkeit (G0) und erfolgt als 3D-Bahn, da alle drei Zustellachsen zeitgleich bewegt werden.

Zeile N060:

Der Fräser taucht bis zur Bearbeitungstiefe (–5 mm) in das Werkstück ein. Die Zustellung erfolgt in der programmierten Vorschubgeschwindigkeit (Zeile: N040). Axiales Eintauchen kann nur mit einem geeigneten Werkzeug erfolgen, bei dem die Schneiden bis zur Drehmitte reichen (Bohrnutenfräser). In der Praxis wird die Vorschubgeschwindigkeit für solche Bewegungen gern halbiert, da dieser Vorgang das Werkzeug deutlich stärker belastet als eine Bewegung in der Bearbeitungsebene.

Zeilen N070–N120

Die Rechteckkontur wird in Vorschubgeschwindigkeit (Zeile: N040) abgearbeitet. Der CNC-Befehl G01 könnte auch in der Schreibweise G1 erfolgen. Zudem ist der Befehl modal (selbsthaltend) und müsste daher in den folgenden Zeilen nicht angegeben werden. Um die Lesbarkeit zu erhöhen, erfolgt dies dennoch. Auch die Achsangaben x, y und z können entfallen, wenn diese sich nicht geändert haben.

Zeile: N130

Das Werkzeug fährt mit maximaler Geschwindigkeit (G0) aus dem Werkstück aus. Die gewählte Rückzugsebene sollte so gewählt werden, dass eine Kollision im weiteren Bearbeitungsverlauf nicht möglich ist (z. B. durch erhabene Werkstückbereiche).

Zeile: N140

Der Programmlauf wird mit dem Befehl M30 beendet. Dies schaltet auch die Hauptspindel aus.

■ 3.3 Aufgabe 2 (Geraden, orthogonal)

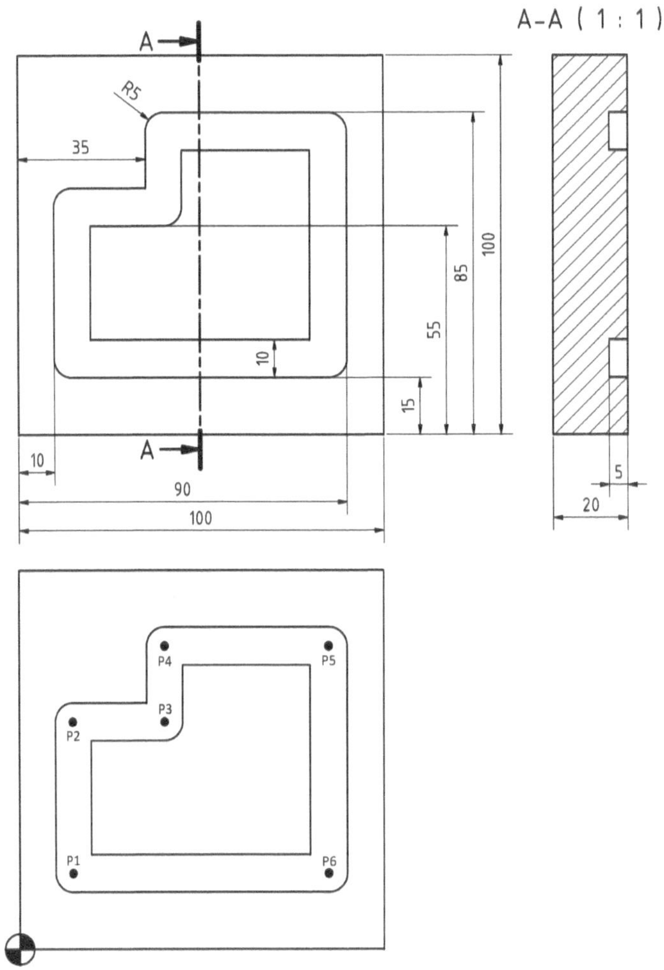

Bild 3.7 Zeichnung der Fräsaufgabe 2

Video der Bearbeitungssimulation: Aufgabe_Fraesen_02.mp4

```
N010 G54                  ; Nullpunktverschiebung
N020 T1 D1                ; Tool 1 (D10mm) einwechseln
N030 M06                  ; Werkzeug spannen
N040 S2000 F800 M03       ; Technologiedaten
N050 G00 X15 Y20 Z2       ; über P1 mit Sicherheitsabstand
N060 G01 Z-5              ; in Vorschub auf Tiefe
N070 G01 Y60              ; in Vorschub auf P2
```

```
N080 G01 X40              ; in Vorschub auf P3
N090 G01 Y80              ; in Vorschub auf P4
N100 G01 X85              ; in Vorschub auf P5
N110 G01 Y20              ; in Vorschub auf P6
N120 G01 X15              ; in Vorschub zurück auf P1
N130 G00 Z20              ; Rückzugsebene anfahren
N140 M30                  ; Programmende
```

Das Beispiel entspricht inhaltlich weitestgehend der Aufgabe 1 (Abschnitt 3.2). Auch hier wird davon ausgegangen, dass sich der Fräserradius in der Kontur abbildet (R = 5 mm). Alle Punktberechnungen sind trivial, da lediglich der Fräserradius auf die angegebene Bemaßung addiert werden muss.

3.4 Aufgabe 3 (Geraden)

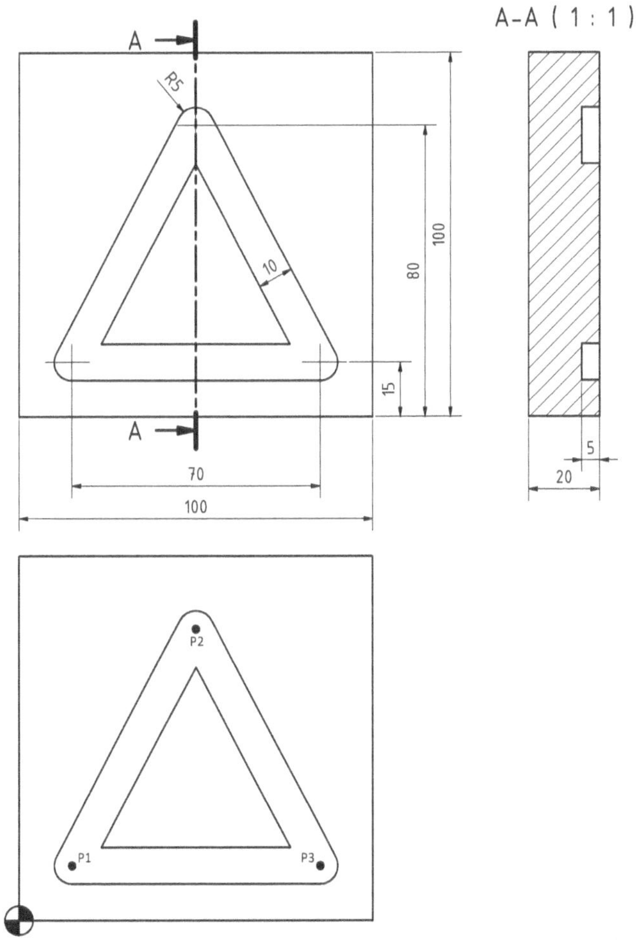

Bild 3.8 Zeichnung der Fräsaufgabe 3

Video der Bearbeitungssimulation: Aufgabe_Fraesen_03.mp4

```
N010 G54                   ; Nullpunktverschiebung
N020 T1 D1                 ; Tool 1 (D10mm) einwechseln
N030 M06                   ; Werkzeug spannen
N040 S2000 F800 M03        ; Technologiedaten
N050 G00 X15 Y15 Z2        ; über P1 mit Sicherheitsabstand
N060 G01 Z-5               ; in Vorschub auf Tiefe
N070 G01 X50 Y80           ; in Vorschub auf P2
N080 G01 X85 Y15           ; in Vorschub auf P3
N090 G01 X15               ; in Vorschub zurück auf P1
N100 G00 Z20               ; Rückzugsebene anfahren
N110 M30                   ; Programmende
```

Bei den ersten Aufgaben (orthogonale Geraden) wurden die Außenseiten der Kontur bemaßt, da die notwendigen Berechnungen der Mittelpunktsbahnen trivial sind. Bei einer komplexeren Kontur ist es sinnvoll, die realen Bearbeitungspunkte zu bemaßen, um einen unnötigen Rechenaufwand zu vermeiden. In dieser Aufgabe sind die Dreieckspunkte vollständig angegeben. Bei einigen der folgenden Übungen wird teilweise bewusst darauf verzichtet, um eine mathematische Problemstellung zu provozieren.

3.5 Aufgabe 4 (Geraden)

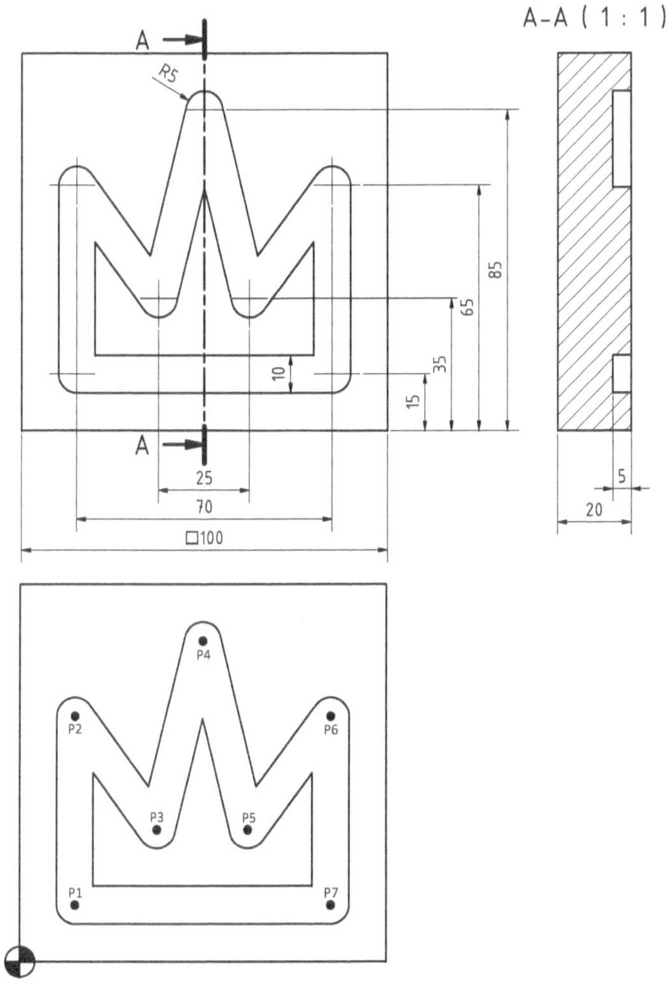

Bild 3.9 Zeichnung der Fräsaufgabe 4

Video der Bearbeitungssimulation: Aufgabe_Fraesen_04.mp4

```
N010 G54                    ; Nullpunktverschiebung
N020 T1 D1                  ; Tool 1 (D10mm) einwechseln
N030 M06                    ; Werkzeug spannen
N040 S2000 F800 M03         ; Technologiedaten
N050 G00 X15 Y15 Z2         ; über P1 mit Sicherheitsabstand
N060 G01 Z-5                ; in Vorschub auf Tiefe
N070 G01 Y65                ; in Vorschub auf P2
N080 G01 X37.5 Y35          ; in Vorschub auf P3
N090 G01 X50 Y85            ; in Vorschub auf P4
N100 G01 X62.5 Y35          ; in Vorschub auf P5
N110 G01 X85 Y65            ; in Vorschub auf P6
N120 G01 Y15                ; in Vorschub auf P7
N130 G01 X15                ; in Vorschub zurück auf P1
N140 G00 Z20                ; Rückzugsebene anfahren
N150 M30                    ; Programmende
```

Die geforderte Kontur ist symmetrisch angeordnet. Die *y*-Komponenten der Punkte *P*3 und *P*5 sowie *P*2 und *P*6 sind bemaßt. Um die *x*-Komponenten zu errechnen, muss lediglich die Hälfte der Symmetriebemaßung (25 mm und 70 mm) auf die Mitte des Bauteils addiert oder subtrahiert werden.

Berechnung: *P*3

$$P3_x = \frac{100-25}{2} = 37{,}5$$

$$P3_y = 35$$

Berechnung: *P*5

$$P5_x = 100 - \frac{100-25}{2} = 62{,}5$$

$$P5_y = 35$$

Die Berechnung der Punkte *P*2 und *P*6 erfolgt analog.

3.6 Aufgabe 5 (Geraden, Pythagoras)

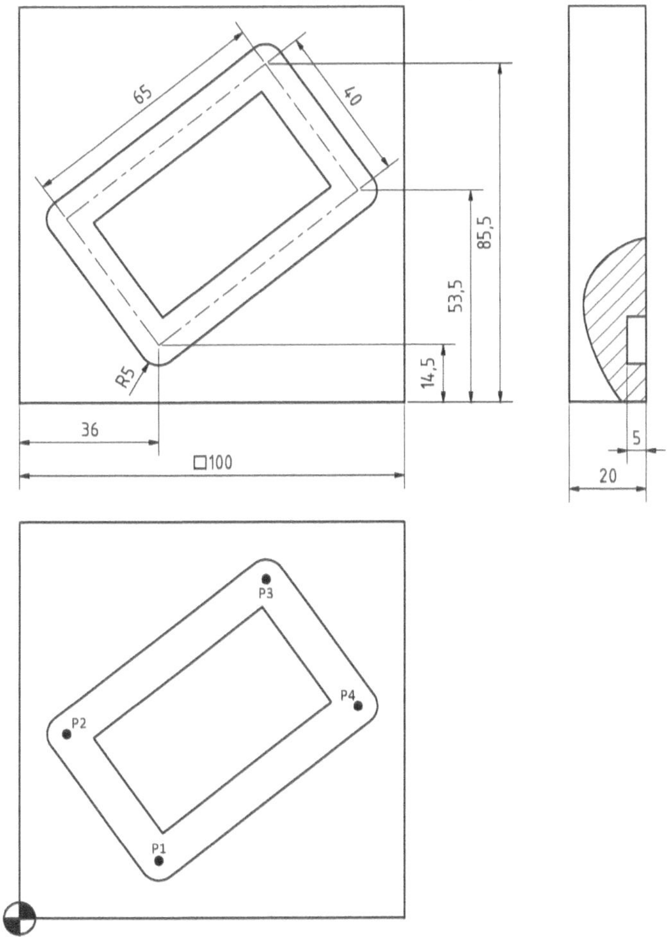

Bild 3.10 Zeichnung der Fräsaufgabe 5

Video der Bearbeitungssimulation: Aufgabe_Fraesen_05.mp4

```
N010 G54                    ; Nullpunktverschiebung
N020 T1 D1                  ; Tool 1 (D10mm) einwechseln
N030 M06                    ; Werkzeug spannen
N040 S2000 F800 M03         ; Technologiedaten
N050 G00 X36 Y14.5 Z2       ; über P1 mit Sicherheitsabstand
N060 G01 Z-5                ; in Vorschub auf Tiefe
N070 G01 X12 Y46.5          ; in Vorschub auf P2
N080 G01 X64 Y85.5          ; in Vorschub auf P3
N090 G01 X88 Y53.5          ; in Vorschub auf P4
```

```
N100 G01 X36 Y14.5          ; in Vorschub zurück auf P1
N110 G00 Z20                ; Rückzugsebene anfahren
N120 M30                    ; Programmende
```

Die Berechnung der gesuchten Konturpunkte lässt sich am einfachsten über den Satz des Pythagoras lösen. Die Kontur stellt ein gedrehtes Rechteck dar und verfügt damit über eine Grundsymmetrie, bei der es ausreichend ist, lediglich zwei Punkte zu berechnen.

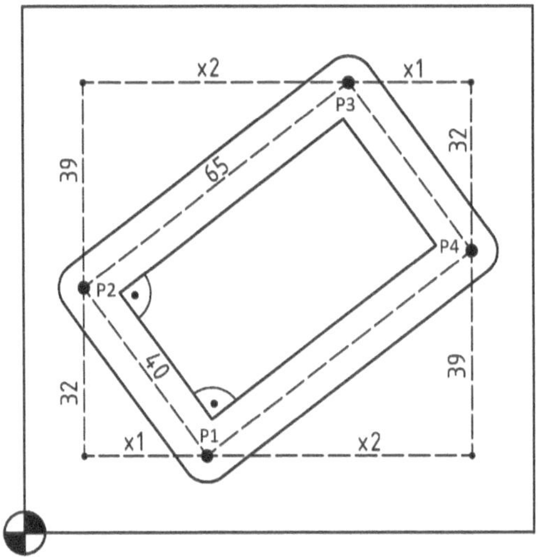

Bild 3.11
Skizze zur Fräsaufgabe 5

$$x1 = \sqrt{40^2 - 32^2} = 24$$
$$x2 = \sqrt{65^2 - 39^2} = 52$$

Berechnung: *P2*

$$P2_x = P1_x - x1 = 36 - 24 = 12$$
$$P2_y = P1_y + 32 = 14{,}5 + 32 = 46{,}5$$

Berechnung: *P3*

$$P3_x = P1_x - x1 + x2 = 36 - 24 + 52 = 64$$
$$P3_y = P1_y + 32 + 39 = 14{,}5 + 32 = 85{,}5$$

3.7 Aufgabe 6 (Geraden, Pythagoras)

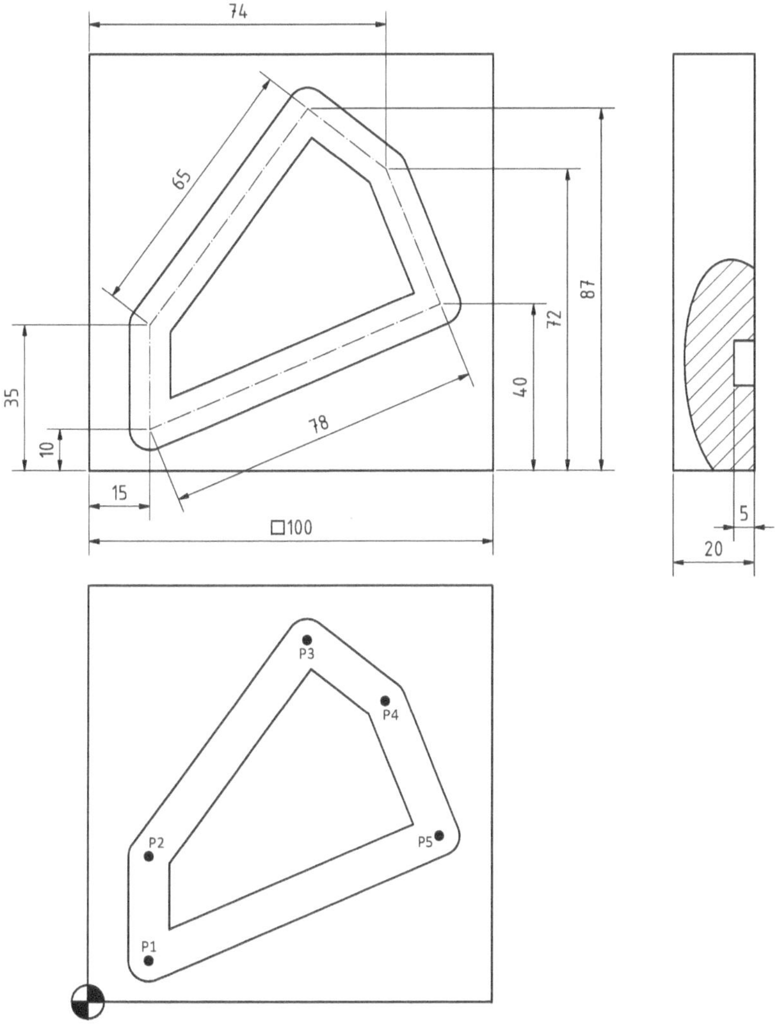

Bild 3.12 Zeichnung der Fräsaufgabe 6

Video der Bearbeitungssimulation: Aufgabe_Fraesen_06.mp4

```
N010 G54                ; Nullpunktverschiebung
N020 T1 D1              ; Tool 1 (D10mm) einwechseln
N030 M06                ; Werkzeug spannen
N040 S2000 F800 M03     ; Technologiedaten
N050 G00 X15 Y10 Z2     ; über P1 mit Sicherheitsabstand
N060 G01 Z-5            ; in Vorschub auf Tiefe
```

```
N070 G01 Y35          ; in Vorschub auf P2
N080 G01 X54 Y87      ; in Vorschub auf P3
N090 G01 X74 Y72      ; in Vorschub auf P4
N100 G01 X87 Y40      ; in Vorschub auf P5
N110 G01 X15 Y10      ; in Vorschub zurück auf P1
N120 G00 Z20          ; Rückzugsebene anfahren
N130 M30              ; Programmende
```

Die Punkte *P*3 und *P*5 sind nur indirekt bemaßt und können über den Satz des Pythagoras ermittelt werden. In beiden Fällen ist die Hypotenuse angegeben, und die lotrechten Komponenten können über die *y*-Bemaßung der Punkte *P*1 und *P*2 abgelesen werden.

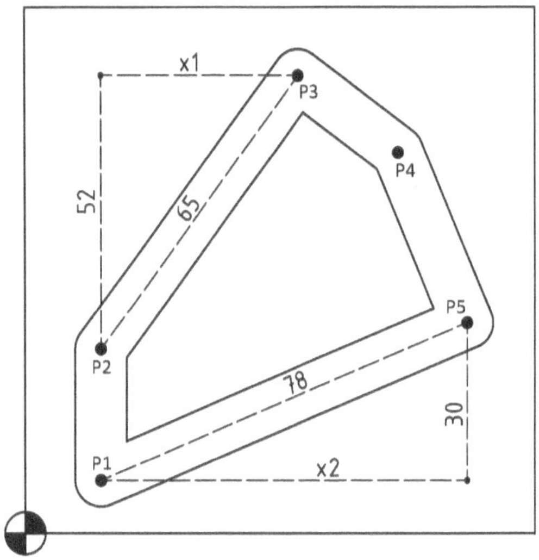

Bild 3.13
Skizze zur Fräsaufgabe 6

$$x1 = \sqrt{65^2 - 52^2} = 39$$

$$x2 = \sqrt{78^2 - 30^2} = 72$$

Berechnung: *P3*

$$P3_x = P1_x + x1 = 15 + 39 = 54$$

$$P3_y = 87$$

Berechnung: *P5*

$$P5_x = P1_x + x2 = 15 + 72 = 87$$

$$P5_y = 40$$

3.8 Aufgabe 7 (Geraden, Trigonometrie)

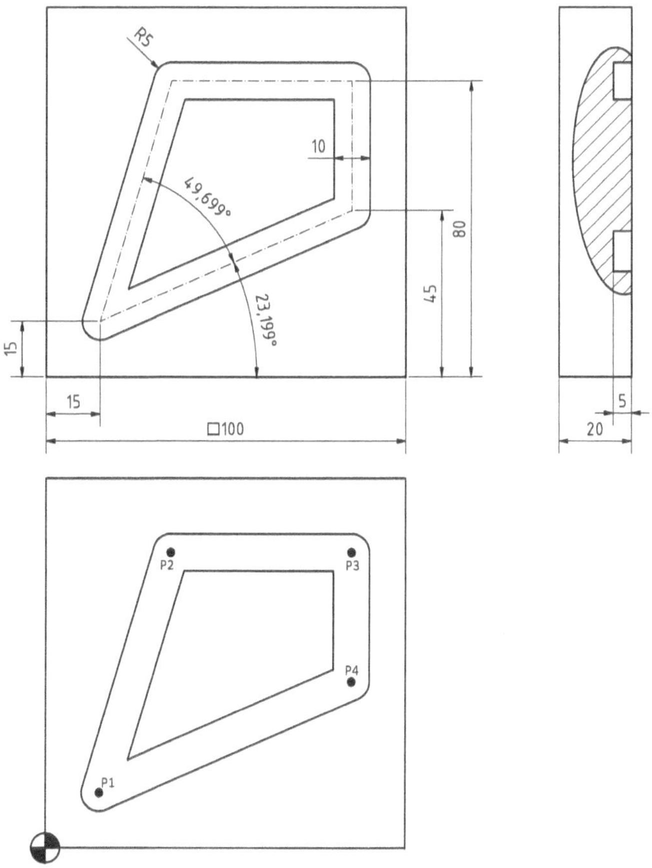

Bild 3.14 Zeichnung der Fräsaufgabe 7

Video der Bearbeitungssimulation: Aufgabe_Fraesen_07.mp4

```
N010 G54                ; Nullpunktverschiebung
N020 T1 D1              ; Tool 1 (D10mm) einwechseln
N030 M06                ; Werkzeug spannen
N040 S2000 F800 M03     ; Technologiedaten
N050 G00 X15 Y15 Z2     ; über P1 mit Sicherheitsabstand
N060 G01 Z-5            ; in Vorschub auf Tiefe
N070 G01 X35 Y80        ; in Vorschub auf P2
N080 G01 X85            ; in Vorschub auf P3
N090 G01 Y45            ; in Vorschub auf P4
N100 G01 X15 Y15        ; in Vorschub zurück auf P1
N110 G00 Z20            ; Rückzugsebene anfahren
N120 M30                ; Programmende
```

Da in dieser Aufgabe lediglich der Punkt $P1$ auch in X-Richtung bemaßt ist und ansonsten nur Winkelangaben zur Verfügung stehen, müssen die waagerechten Positionen der restlichen Punkte über trigonometrische Funktionen ermittelt werden. Die x-Komponente des Punktes $P3$ ist augenscheinlich mit der des Punktes $P4$ identisch.

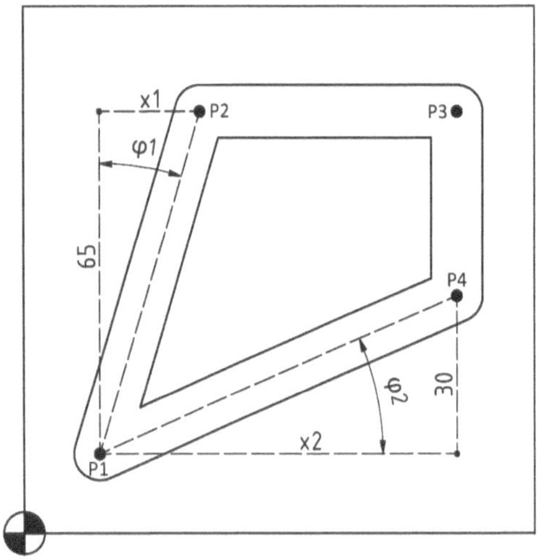

Bild 3.15
Skizze zur Fräsaufgabe 7

Um die Lesbarkeit zu erhöhen, werden hier die notwendigen Winkel symbolisch verwendet.

$$\varphi 2 = 23{,}199°$$
$$\varphi 1 = 90° - 49{,}699° - \varphi 2 = 17{,}103°$$

Berechnung: *P2*

$$\tan(\varphi 1) = \frac{x1}{65}$$

$$x1 = \tan(\varphi 1) * 65 = 20$$

$$P2_x = 15 + 20 = 35$$
$$P2_y = 80$$

Berechnung: *P4*

$$\tan(\varphi 2) = \frac{30}{x2}$$

$$x2 = \frac{30}{\tan(\varphi 2)} = 70$$

$$P4_x = 15 + 70 = 85$$
$$P4_y = 15 + 30 = 45$$

3.9 Aufgabe 8 (Geraden, Trigonometrie)

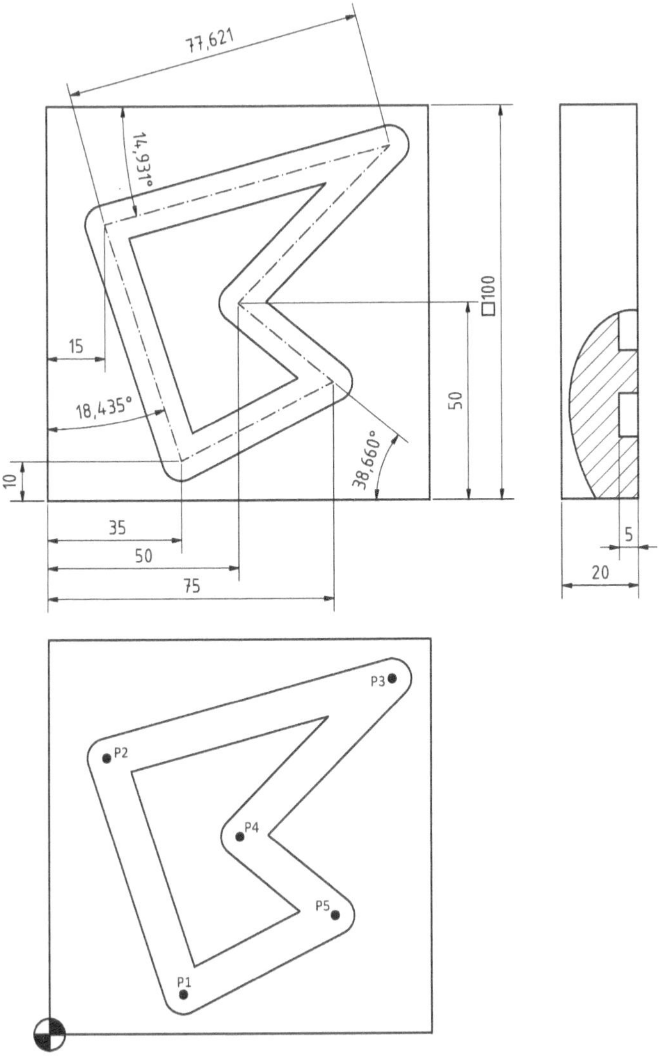

Bild 3.16 Zeichnung der Fräsaufgabe 8

Video der Bearbeitungssimulation: Aufgabe_Fraesen_08.mp4

```
N010 G54                ; Nullpunktverschiebung
N020 T1 D1              ; Tool 1 (D10mm) einwechseln
N030 M06                ; Werkzeug spannen
N040 S2000 F800 M03     ; Technologiedaten
N050 G00 X35 Y10 Z2     ; über P1 mit Sicherheitsabstand
```

```
N060 G01 Z-5            ; in Vorschub auf Tiefe
N070 G01 X15 Y70        ; in Vorschub auf P2
N080 G01 X90 Y90        ; in Vorschub auf P3
N090 G01 X50 Y50        ; in Vorschub auf P4
N100 G01 X75 Y30        ; in Vorschub auf P5
N100 G01 X35 Y10        ; in Vorschub zurück auf P1
N110 G00 Z20            ; Rückzugsebene anfahren
N120 M30                ; Programmende
```

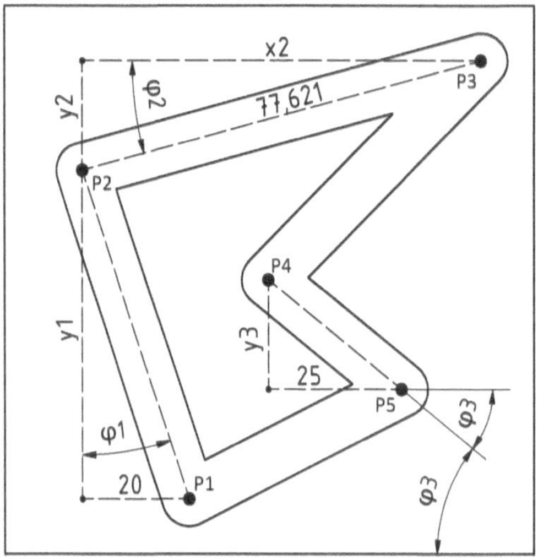

Bild 3.17
Skizze zur Fräsaufgabe 8

Die x-Koordinate des Punktes $P2$ ist mit 15 mm bemaßt. Die fehlende y-Koordinate muss über den Tangens ermittelt werden.

Berechnung: *P2*

$$\tan(\varphi 1) = \frac{20}{y1}$$

$$y1 = \frac{20}{\tan(\varphi 1)} = 60$$

$$P2_x = 15$$
$$P2_y = 10 + y1 = 70$$

Ausgehend vom Punkt $P2$, mit der bekannten Hypotenuse $P2$-$P3$, kann die Koordinate des Punktes $P3$ berechnet werden.

Berechnung: *P3*

$$x2 = \cos(\varphi 2) \cdot 77{,}621 = 75$$
$$P3_x = 15 + 75 = 90$$

$$y2 = \sin(\varphi 2) \cdot 77{,}621 = 20$$
$$P3_y = 70 + 20 = 90$$

Der Punkt *P*4 entspricht der Mitte des Bauteils und ist vollständig bemaßt. Für den Punkt *P*5 fehlt lediglich die *y*-Koordinate, die sich mit dem Tangens ermitteln lässt.

Berechnung: *P5*

$$y3 = \tan(\varphi 3) \cdot 25 = 20$$
$$P5_y = 50 - 20 = 30$$

3.10 Aufgabe 9 (Geraden, Trigonometrie)

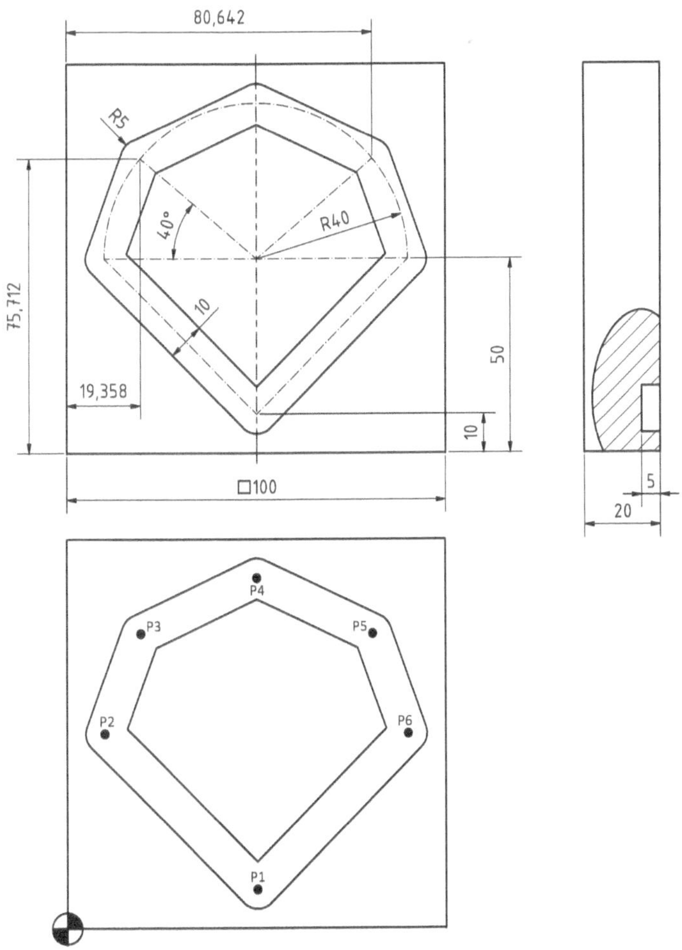

Bild 3.18 Zeichnung der Fräsaufgabe 9

Video der Bearbeitungssimulation: Aufgabe_Fraesen_09.mp4

```
N010 G54                    ; Nullpunktverschiebung
N020 T1 D1                  ; Tool 1 (D10mm) einwechseln
N030 M06                    ; Werkzeug spannen
N040 S2000 F800 M03         ; Technologiedaten
N050 G00 X50 Y10 Z2         ; über P1 mit Sicherheitsabstand
N060 G01 Z-5                ; in Vorschub auf Tiefe
N070 G01 X10 Y50            ; in Vorschub auf P2
N080 G01 X19.358 Y75.712    ; in Vorschub auf P3
N090 G01 X50 Y90            ; in Vorschub auf P4
N100 G01 X80.642 Y75.712    ; in Vorschub auf P5
N110 G01 X90 Y50            ; in Vorschub auf P6
N120 G01 X50 Y10            ; in Vorschub zurück auf P1
N130 G00 Z20                ; Rückzugsebene anfahren
N140 M30                    ; Programmende
```

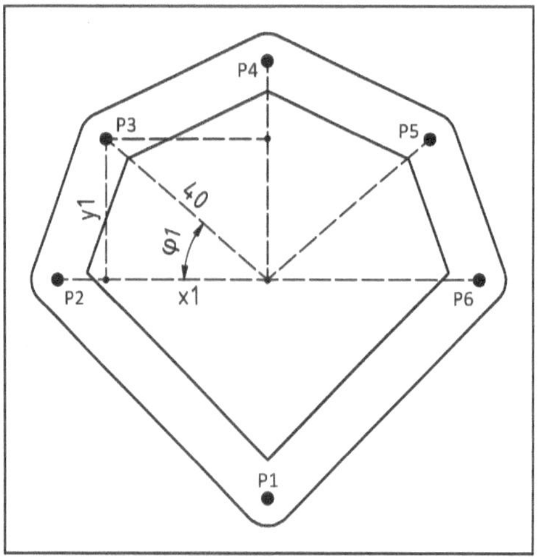

Bild 3.19
Skizze zur Fräsaufgabe 9

Da das Bauteil spiegelsymmetrisch ist und die Punkte $P1$ und $P4$ trivial ermittelbar sind, reicht es aus, zwei Punkte auf der linken oder rechten Seite zu berechnen. Die ermittelten x-Werte können dann gespiegelt werden.

Berechnung: *P2*

$$P2_x = \frac{100}{2} - 40 = 10$$

$$P2_y = 50$$

Berechnung: ***P3***

$$x1 = \cos(\varphi 1) \cdot 40 = \cos(40) \cdot 40 = 30{,}642$$

$$P3_x = \frac{100}{2} - x1 = 19{,}358$$

$$y1 = \sin(\varphi 1) \cdot 40 = \sin(40) \cdot 40 = 25{,}712$$

$$P3_y = 50 + y1 = 75{,}712$$

3.11 Aufgabe 10 (Geraden, räumlich)

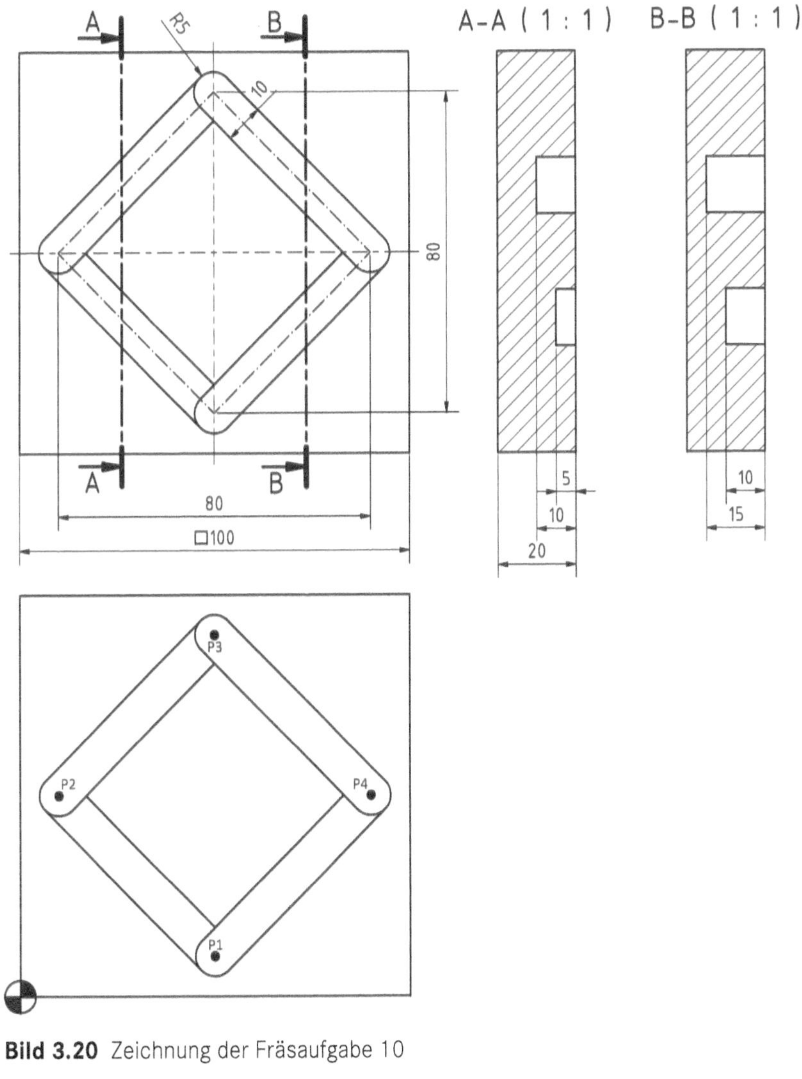

Bild 3.20 Zeichnung der Fräsaufgabe 10

Video der Bearbeitungssimulation: Aufgabe_Fraesen_10.mp4

```
N010 G54               ; Nullpunktverschiebung
N020 T1 D1             ; Tool 1 (D10mm) einwechseln
N030 M06               ; Werkzeug spannen
N040 S2000 F800 M03    ; Technologiedaten
N050 G00 X50 Y10 Z2    ; über P1 mit Sicherheitsabstand
N060 G01 Z-5           ; in Vorschub auf Tiefe
N070 G01 X10 Y50       ; in Vorschub auf P2
N080 G01 Z-10          ; in Vorschub auf Tiefe
N090 G01 X50 Y90       ; in Vorschub auf P3
N100 G01 Z-15          ; in Vorschub auf Tiefe
N110 G01 X90 Y50       ; in Vorschub auf P4
N120 G01 Z-10          ; in Vorschub auf Tiefe
N130 G01 X50 Y10       ; in Vorschub zurück auf P1
N140 G00 Z20           ; Rückzugsebene anfahren
N150 M30               ; Programmende
```

Bei diesem Bauteil stellt der Konturverlauf ein einfaches, um 45° gedrehtes Rechteck dar, das vollständig bemaßt ist und daher keine relevante Berechnung erfordert. Jede Rechteckseite befindet sich auf einer unterschiedlichen Tiefe. Daher ist nach jedem Bearbeitungsschritt eine Zustellung in *Z*-Richtung notwendig.

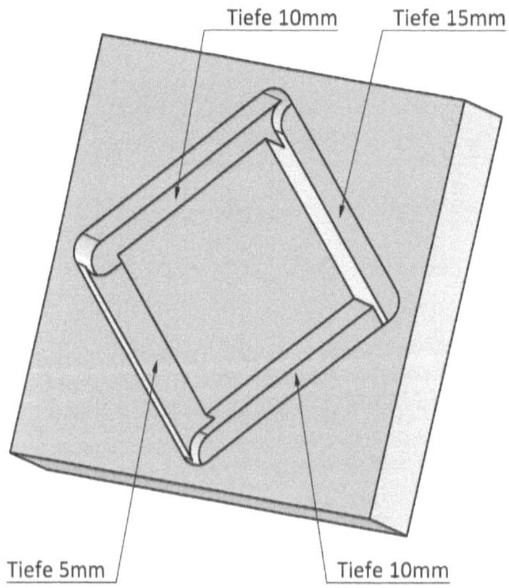

Bild 3.21
Volumenkörper zur Fräsaufgabe 10

■ 3.12 Aufgabe 11 (Geraden, räumlich, Trigonometrie)

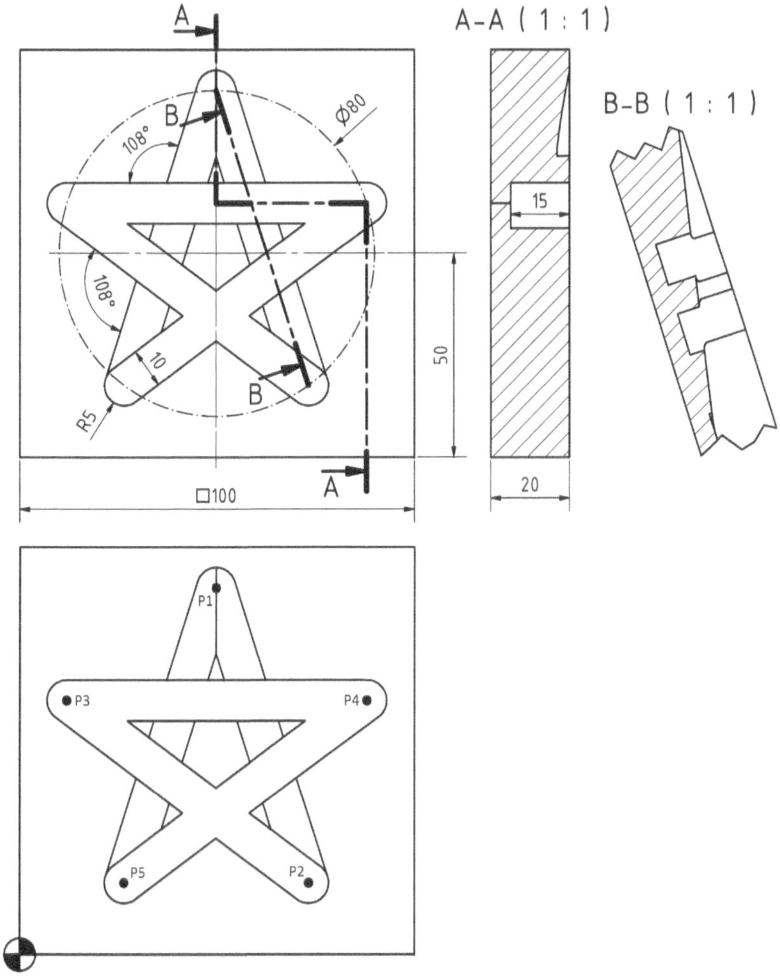

Bild 3.22 Zeichnung der Fräsaufgabe 11

Video der Bearbeitungssimulation: Aufgabe_Fraesen_11.mp4

Das räumliche Pentagramm bildet sich, ausgehend vom angenommenen Startpunkt *P*1, indem der Fräser zunächst linear schräg auf den Punkt *P*2 verfährt. Die folgenden Zwischenpunkte *P*3, *P*4 und *P*5 liegen auf der gleichen Bearbeitungstiefe wie der Punkt *P*2 (-15 mm). Im letzten Schritt (*P*5-*P*1) verfährt das Werkzeug wieder linear schräg auf den Ausgangspunkt *P*1. Die Schrägfahrten erzeugen hierbei keine ebenen Flächen, da das Werkzeug, bei der hier angenommenen 3-Achsen-Maschine, immer senkrecht auf der Bearbeitungsebene steht (siehe unten).

```
N010 G54                         ; Nullpunktverschiebung
N020 T1 D1                       ; Tool 1 (D10mm) einwechseln
N030 M06                         ; Werkzeug spannen
N040 S2000 F800 M03              ; Technologiedaten
N050 G00 X50 Y90 Z2              ; über P1 mit Sicherheitsabstand
N060 G01 Z0                      ; in Vorschub auf Tiefe
N070 G01 X73.511 Y17.639 Z-15    ; in Vorschub auf P2
N080 G01 X11.958 Y62.361         ; in Vorschub auf P3
N090 G01 X88.042                 ; in Vorschub auf P4
N100 G01 X26.489 Y17.639         ; in Vorschub auf P5
N110 G01 X50 Y90 Z0              ; in Vorschub zurück auf P1
N120 G00 Z20                     ; Rückzugsebene anfahren
N130 M30                         ; Programmende
```

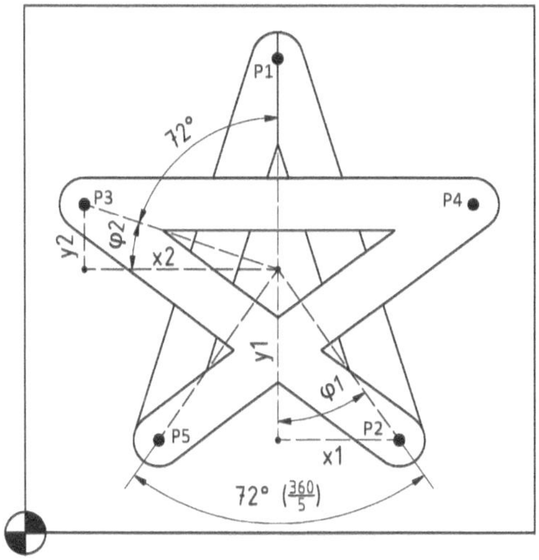

Bild 3.23 Skizze zur Fräsaufgabe 11

Bild 3.24 Volumenkörper zur Fräsaufgabe 11

Da die Sternform symmetrisch auf einem Kreis platziert ist und aus fünf Stützpunkten besteht, beträgt der Winkel zwischen zwei Schenkeln:

$$\frac{360^\circ}{5} = 72^\circ$$

Damit ergibt sich

$$\varphi 1 = \frac{72^\circ}{2} = 36^\circ$$

und

$$\varphi 2 = 90^\circ - 72^\circ = 18^\circ$$

Berechnung: *P*1

$$P1_x = \frac{100}{2} = 50$$

$$P1_y = \frac{100}{2} + \frac{80}{2} = 90$$

Berechnung: *P*2

$$x1 = \sin(\varphi 1) \cdot 40 = 23{,}511$$

$$y1 = \cos(\varphi 1) \cdot 40 = 32{,}361$$

$$P2_x = \frac{100}{2} + 23{,}511 = 73{,}511$$

$$P2_y = \frac{100}{2} - 32{,}360 = 17{,}639$$

Berechnung: *P*3

$$x2 = \cos(\varphi 2) \cdot 40 = 38{,}042$$

$$y2 = \sin(\varphi 2) \cdot 40 = 12{,}361$$

$$P3_x = \frac{100}{2} - 38{,}042 = 11{,}958$$

$$P3_y = \frac{100}{2} + 12{,}361 = 62{,}361$$

Erläuterung zur 3D-Bahn beim Fräsen

Da die Arbeitsebene des Fräsers unverändert bleibt, entsteht am Grund der Fräsbahn keine ebene Fläche. Es bildet sich eine „Rinne", deren Krümmung vom Bearbeitungswinkel abhängt. Im Beispiel bewegt sich der Fräsermittelpunkt von Punkt *P*1 zu Punkt *P*2 und bildet dabei eine Nut, die im Profil (Schnitt *B–B*) eine Halbellipse darstellt.

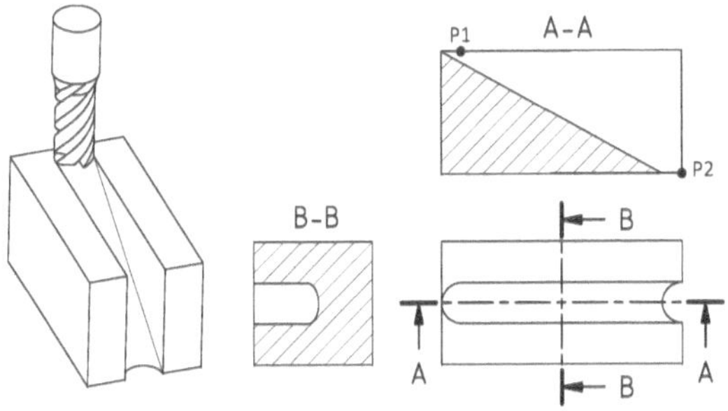

Bild 3.25
3D-Bahn beim Fräsen

3.13 Aufgabe 12 (Geraden, räumlich, vektoriell)

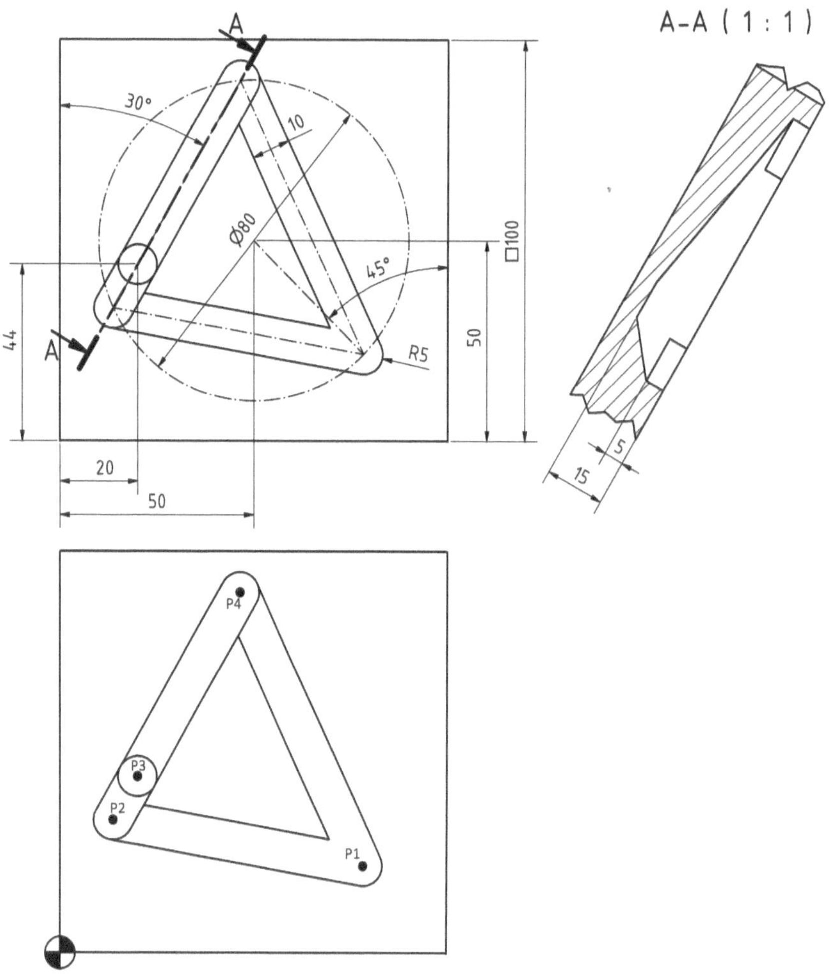

Bild 3.26 Zeichnung der Fräsaufgabe 12

Video der Bearbeitungssimulation: Aufgabe_Fraesen_12.mp4

```
N010 G54                         ; Nullpunktverschiebung
N020 T1 D1                       ; Tool 1 (D10mm) einwechseln
N030 M06                         ; Werkzeug spannen
N040 S2000 F800 M03              ; Technologiedaten
N050 G00 X78.284 Y21.716 Z2      ; über P1 mit Sicherheitsabstand
N060 G01 Z-5                     ; in Vorschub auf Tiefe
N070 G01 X13.728 Y33.137         ; in Vorschub auf P2
N080 G01 X20 Y44 Z-15            ; in Vorschub auf P3
N090 G01 X46.468 Y89.844 Z-5     ; in Vorschub auf P4
N100 G01 X78.284 Y21.716 Z-5     ; in Vorschub zurück auf P1
N110 G00 Z20                     ; Rückzugsebene anfahren
N120 M30                         ; Programmende
```

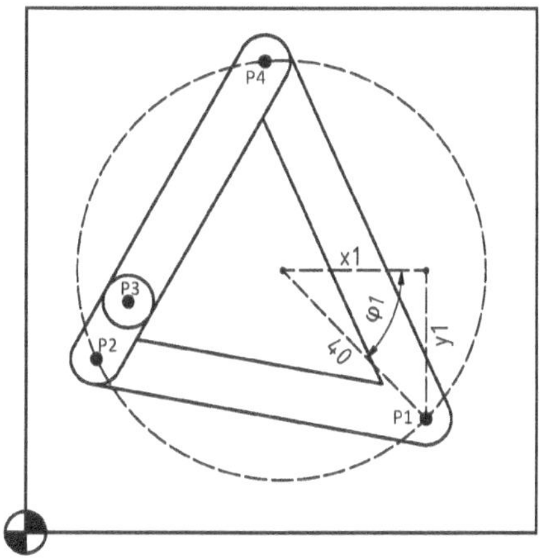

Bild 3.27 Skizze zur Fräsaufgabe 12

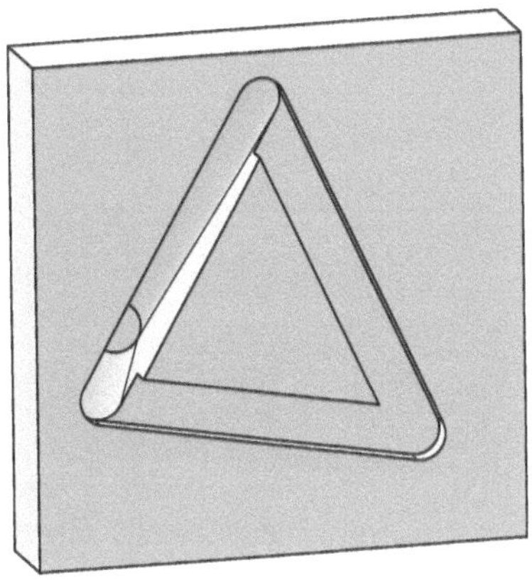

Bild 3.28 Volumenkörper zur Fräsaufgabe 12

Die unterschiedlichen Tiefen der Kontur lassen sich über 3D-Bahnen abbilden. Die Berechnung des Punktes *P*1 erfolgt über trigonometrische Funktionen.

Berechnung: *P*1

$$\varphi 1 = 180° - 90° - 45° = 45°$$

$$x1 = \cos(45°) \cdot 40 = 28{,}284$$
$$y1 = \sin(45°) \cdot 40 = 28{,}284$$

$$P1_x = 50 + x1 = 78.284$$
$$P1_y = 50 - y1 = 21{,}716$$

Sowohl der Punkt *P2* als auch der Punkt *P4* sind nicht bemaßt und können nicht mit einfachen geometrischen Methoden ermittelt werden. An dieser Stelle ist ein vektorieller Ansatz sinnvoll.

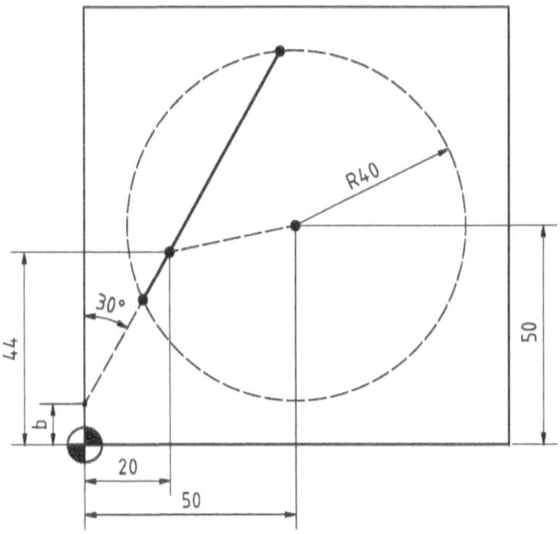

Bild 3.29
Skizze zur Fräsaufgabe 12 (vektorielle Berechnung)

Sekantenberechnung

Um die Schnittpunkte des Kreises mit der Geraden zu bestimmen, müssen diese zunächst in eine Koordinatenschreibweise überführt werden. Für den Kreis wird die Normalenform gewählt, für die Gerade die klassische Geradengleichung.

Gleichung für den Kreis:

$$(x-m_x)^2+(y-m_y)^2=r^2$$

Gleichung für die Gerade:

$$y=m\cdot x+b$$

Um die Steigung m der Geraden zu bestimmen, kann der Tangens des Winkels zwischen der Waagerechten und der Geraden genutzt werden (90°-30°):

$$m=\frac{my}{mx}=\tan(60°)=\frac{1}{\tan(30°)}=1{,}732$$

Der Ordinatenabschnitt *b* errechnet sich, indem vom Maß 44 mm die Ankathete am Steigungsdreieck subtrahiert wird.

$$b = 44 - \frac{20}{\tan(30°)} = 9{,}359$$

$$y = 1{,}732 \cdot x + 9{,}359$$

Einsetzen der Geradengleichung in die Kreisgleichung:

$$(x-50)^2 + (y-50)^2 = 40^2$$

$$(x-50)^2 + ((1{,}732 \cdot x + 9{,}359) - 50)^2 = 40^2$$

$$(x^2 - 2 \cdot 50x + 50^2) + \left((1{,}732 \cdot x)^2 + 2 \cdot 1{,}732 \cdot x \cdot (9{,}359 - 50) + (9{,}359 - 50)^2\right) = 40^2$$

$$x^2 - 100x + 2500 + 1{,}732^2 \cdot x^2 + 2 \cdot 1{,}732 \cdot -40{,}641 \cdot x + 1651{,}692 = 1600$$

$$x^2 - 100x + 900 + 3x^2 - 140{,}785x + 1651{,}692 = 0$$

$$4x^2 - 240{,}785x + 2551{,}692 = 0$$

$$x^2 - 60{,}196x + 637{,}923 = 0$$

Quadratische Gleichung lösen und prüfen:

$$x^2 + px + q = 0$$

$$x_{1,2} = -\frac{p}{2} \pm \sqrt{\left(\frac{p}{2}\right)^2 - q}$$

$$D = \left(\frac{p}{2}\right)^2 - q = \left(\frac{60{,}196}{2}\right)^2 - 637{,}923 = 267{,}971$$

Da die Diskriminante $D > 0$ ist, gibt es zwei Lösungen (Schnittpunkte):

$x_1 = 13{,}728$ und $x_2 = 46{,}468$

Mit y aus der Geradengleichung ergeben sich die gesuchten Punkte:

$P2_x = 13{,}728$ und $P2_y = 33{,}137$

$P4_x = 46{,}468$ und $P4_y = 89{,}844$

■ 3.14 Aufgabe 13 (Geraden, Schnittpunkt Gerade-Kreis)

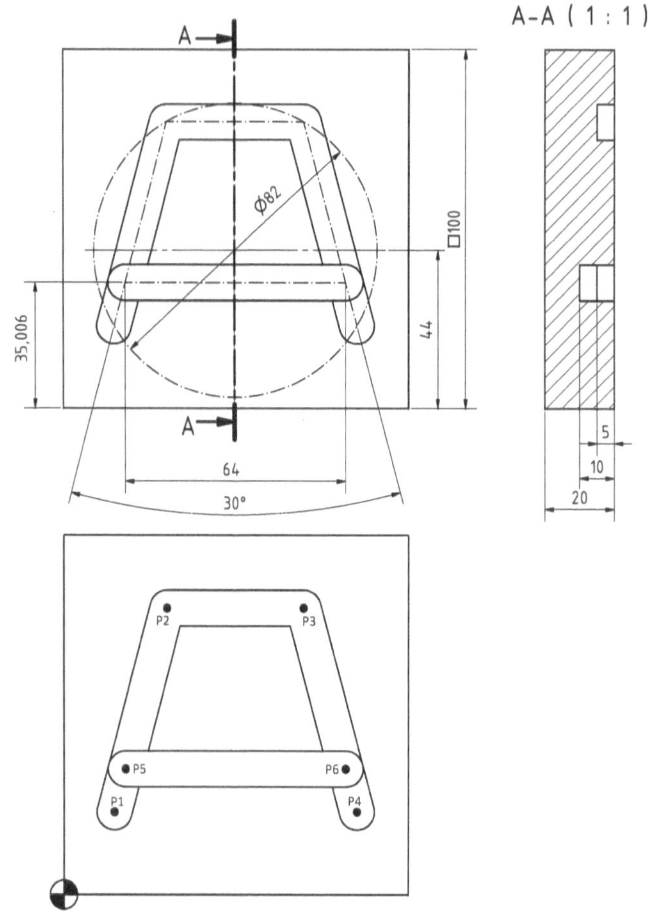

Bild 3.30 Zeichnung der Fräsaufgabe 13

Video der Bearbeitungssimulation: Aufgabe_Fraesen_13.mp4

```
N010 G54                          ; Nullpunktverschiebung
N020 T1 D1                        ; Tool 1 (D10mm) einwechseln
N030 M06                          ; Werkzeug spannen
N040 S2000 F800 M03               ; Technologiedaten
N050 G00 X14.784 Y23.004 Z2       ; über P1 mit Sicherheitsabstand
N060 G01 Z-5                      ; in Vorschub auf Tiefe
N070 G01 X30 Y79.791              ; in Vorschub auf P2
N080 G01 X70                      ; in Vorschub auf P3
```

```
N090 G01 X85.216 Y23.004        ; in Vorschub auf P4
N100 G00 Z2                     ; Sicherheitsabstand
N110 G00 X18 Y35.006            ; im Eilgang auf P5
N120 G01 Z-10                   ; in Vorschub auf Tiefe
N130 G01 X82                    ; in Vorschub auf P6
N140 G00 Z20                    ; Rückzugsebene anfahren
N150 M30                        ; Programmende
```

Sekantenberechnung

Die Berechnung der Eckpunkte *P*1 bis *P*4 soll hier über die Normalenform der Geradengleichung erfolgen. Für die Geradengleichung wird angenommen, dass ein Punkt auf der Geraden bekannt ist ($\vec{p}$). Ein beliebiger Punkt $\vec{s}$ befindet sich dann auf der Geraden, wenn der Normalenvektor $\vec{n}$ senkrecht auf dem Vektor $\vec{s}-\vec{p}$ liegt, also das Skalarprodukt 0 ergibt.

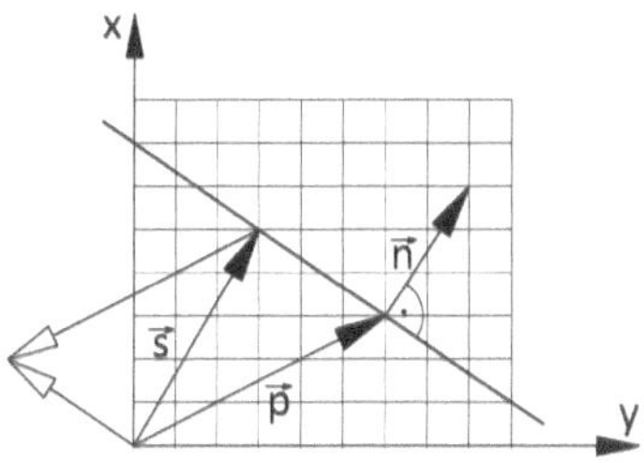

Bild 3.31
Skizze zur Fräsaufgabe 13 (Normalenform der Geraden)

Der Normalenvektor lässt sich einfach aus der Geraden bestimmen, indem die beiden Komponenten des Geradenvektors getauscht werden und bei einer Komponente das Vorzeichen geändert wird.

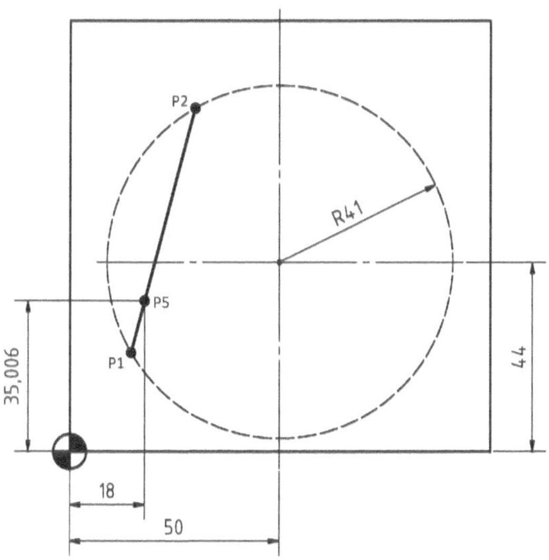

Bild 3.32
Skizze 1 zur Fräsaufgabe 13

Gleichung für den Kreis:

$$(x-m_x)^2+(y-m_y)^2=r^2$$

Gleichung für die Gerade:

$$\left(\vec{s}-\vec{p}\right)\circ\vec{n}=0$$

Die Berechnung lässt sich vereinfachen, indem der Nullpunkt an eine günstigere Position verschoben wird. Hier wird der Mittelpunkt des Kreises gewählt.

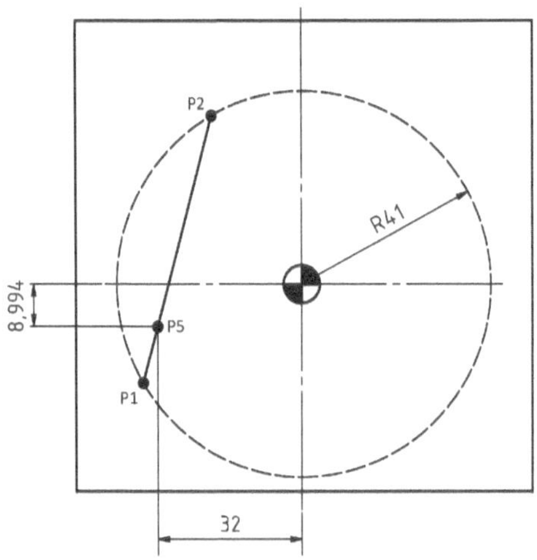

Bild 3.33
Skizze 2 zur Fräsaufgabe 13

Damit vereinfacht sich die Kreisgleichung:

$$x^2+y^2=r^2$$

Geradengleichung in der Normalenform:

$$\left(s_x-p_x\right)\cdot n_x+\left(s_y-p_y\right)\cdot n_y=0$$

$$s_x\cdot n_x+s_y\cdot n_y=p_x\cdot n_x+p_y\cdot n_y$$

$$s_x\cdot n_x+s_y\cdot n_y=c$$

Der Richtungsvektor $P1$-$P2$ ergibt sich mit:

$$\tan\left(15°\right)=\frac{dx}{dy} \quad \text{und} \quad dx=1$$

$$\vec{P}=\begin{pmatrix}1\\3{,}732\end{pmatrix}$$

Der Normalenvektor entspricht damit:

$$\vec{n} = \begin{pmatrix} 3{,}732 \\ -1 \end{pmatrix} \qquad \text{oder} \qquad \vec{n} = \begin{pmatrix} -3{,}732 \\ 1 \end{pmatrix}$$

Die Komponente c lässt sich durch Einsetzen des bekannten Punktes $\vec{p}$ in die Geradengleichung errechnen:

$$s_x \cdot n_x + s_y \cdot n_y = c$$

$$-32 \cdot (3{,}732) + (-8{,}994) \cdot -1 = c$$
$$c = -110{,}43$$

Einsetzen der Geradengleichung in die Kreisgleichung:

$$x^2 + y^2 = r^2$$

$$s_x \cdot n_x + s_y \cdot n_y = c$$

$$y = \frac{c - (x \cdot n_x)}{n_y}$$

$$x^2 + \left(\frac{c - x \cdot n_x}{n_y}\right)^2 = r^2$$

$$x^2 + \left(\frac{c}{n_y}\right)^2 - 2 \cdot \left(\frac{x \cdot n_x \cdot c}{n_y}\right) + \left(\frac{x \cdot n_x}{n_y}\right)^2 = r^2$$

$$x^2 \cdot \left(1 + \frac{n_x{}^2}{n_y{}^2}\right) - x \cdot \left(\frac{2 \cdot n_x \cdot c}{n_y}\right) + \frac{c^2}{n_y{}^2} - r^2 = 0$$

Durch Einsetzen der Komponenten in die Mitternachtsformel (ABC-Formel) ergeben sich die beiden x-Werte der Schnittpunkte. Die y-Werte lassen sich durch die Geradengleichung ermitteln.

$$0 = a \cdot x^2 + b \cdot x + c$$

$$x_{1,2} = \frac{-b \pm \sqrt{b^2 - 4a \cdot c}}{2 \cdot a}$$

$$x_1 = -20$$
$$x_2 = -35{,}216$$

$$y_{1,2} = \frac{c - (x_{1,2} \cdot n_x)}{n_y}$$

$$y_1 = 35,791$$
$$y_2 = -20,996$$

Da das Koordinatensystem verschoben wurde (x = 50, y = 44), muss dies rückgängig gemacht werden:

$$P1 = \begin{pmatrix} 50 + -35,216 \\ 44 + -20,996 \end{pmatrix} = \begin{pmatrix} 14,784 \\ 23,004 \end{pmatrix}$$

$$P2 = \begin{pmatrix} 50 + -20 \\ 44 + 35,791 \end{pmatrix} = \begin{pmatrix} 30 \\ 79,791 \end{pmatrix}$$

■ 3.15 Aufgabe 14 (Geraden, Bogen)

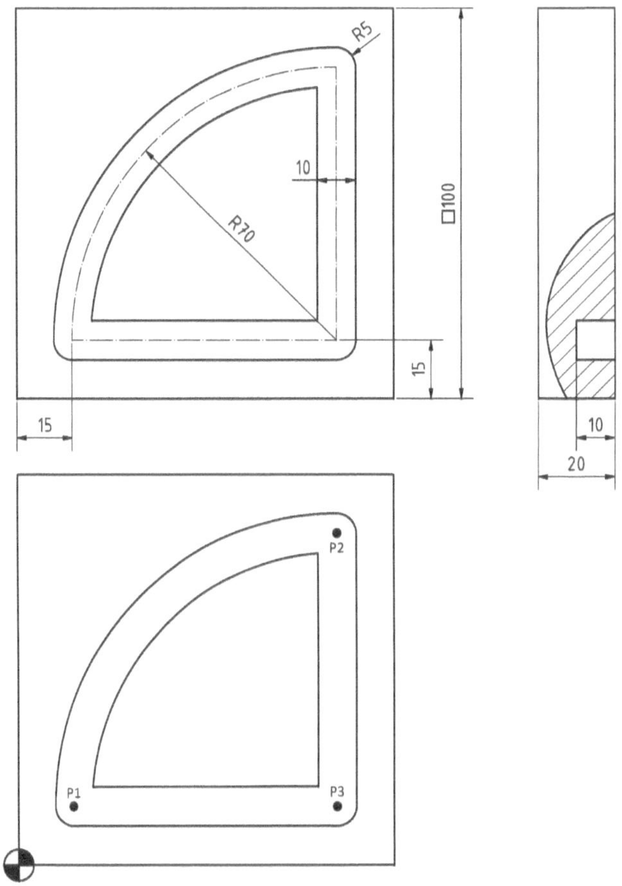

Bild 3.34 Zeichnung der Fräsaufgabe 14

Video der Bearbeitungssimulation: Aufgabe_Fraesen_14.mp4

```
N010 G54                    ; Nullpunktverschiebung
N020 T1 D1                  ; Tool 1 (D10mm) einwechseln
N030 M06                    ; Werkzeug spannen
N040 S2000 F800 M03         ; Technologiedaten
N050 G00 X15 Y15 Z2         ; über P1 mit Sicherheitsabstand
N060 G01 Z-10               ; in Vorschub auf Tiefe
N070 G01 Y45                ; in Vorschub auf P2
N080 G03 X55 Y85 I0 J40     ; in Vorschub auf P3
N090 G01 X85                ; in Vorschub auf P4
N100 G02 X15 Y15 I-70 J0    ; in Vorschub zurück auf P1
N110 G00 Z20                ; Rückzugsebene anfahren
N120 M30                    ; Programmende
```

Es existieren verschiedene Schreibweisen in der CNC-Programmierung, um Bögen und Kreise zu programmieren. Die Darstellung über die Relativkoordinaten (Mittelpunktsangabe) *I*, *J* und *K* hat hierbei den Vorteil, dass es eine eindeutige und übersichtliche mathematische Formulierung ist. Wenn lediglich der Radius angegeben wird, muss beachtet werden, dass es immer zwei Interpretationsmöglichkeiten gibt (den größeren und den kleineren Bogen mit identischem Radius).

■ 3.16 Aufgabe 15 (Geraden, Viertelkreise)

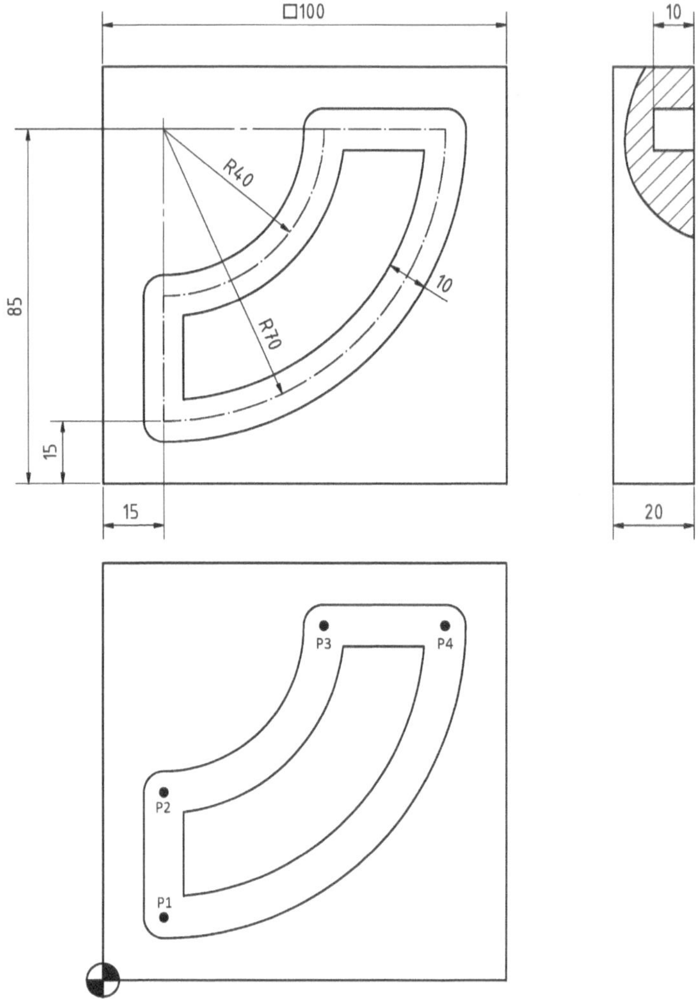

Bild 3.35 Zeichnung der Fräsaufgabe 15

Video der Bearbeitungssimulation: Aufgabe_Fraesen_15.mp4

```
N010 G54                    ; Nullpunktverschiebung
N020 T1 D1                  ; Tool 1 (D10mm) einwechseln
N030 M06                    ; Werkzeug spannen
N040 S2000 F800 M03         ; Technologiedaten
N050 G00 X15 Y15 Z2         ; über P1 mit Sicherheitsabstand
N060 G01 Z-10               ; in Vorschub auf Tiefe
```

```
N070 G01 Y45                ; in Vorschub auf P2
N080 G03 X55 Y85 I0 J40     ; in Vorschub auf P3
N090 G01 X85                ; in Vorschub auf P4
N100 G02 X15 Y15 I-70 J0    ; in Vorschub zurück auf P1
N110 G00 Z20                ; Rückzugsebene anfahren
N120 M30                    ; Programmende
```

Bei ausgerichteten Halb- oder Viertelkreisen liegt der Startpunkt immer auf einer Linie mit einer Komponente des Mittelpunkts. Daher ist bei den G02/G03-Befehlen immer zu erwarten, dass eine der Relativkomponenten (hier *I* und *J*) 0 ergibt.

3.17 Aufgabe 16 (Viertelkreise)

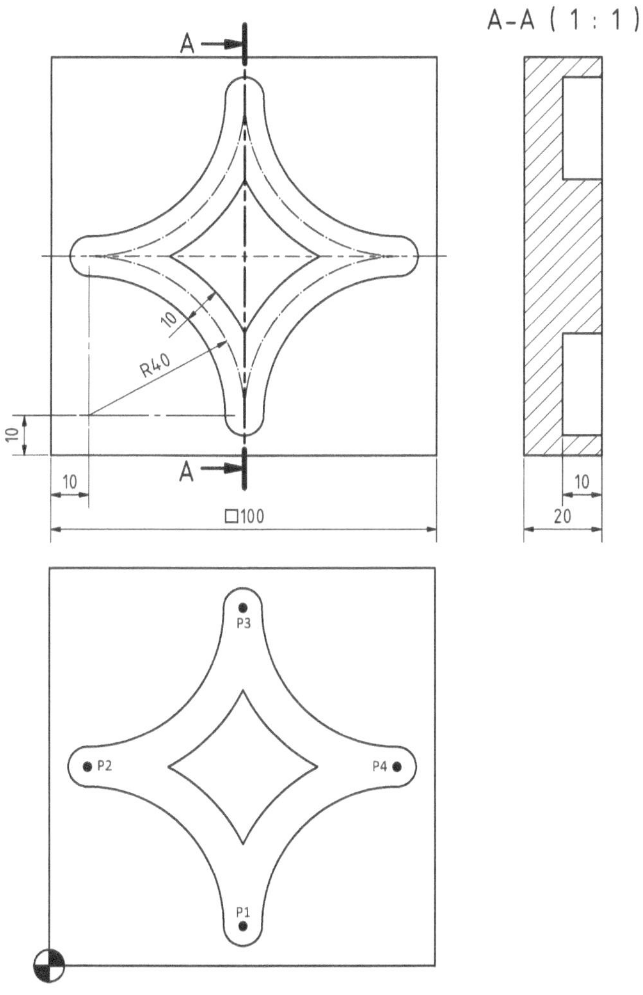

Bild 3.36 Zeichnung der Fräsaufgabe 16

Video der Bearbeitungssimulation: Aufgabe_Fraesen_16.mp4

```
N010 G54                    ; Nullpunktverschiebung
N020 T1 D1                  ; Tool 1 (D10mm) einwechseln
N030 M06                    ; Werkzeug spannen
N040 S2000 F800 M03         ; Technologiedaten
N050 G00 X50 Y10 Z2         ; über P1 mit Sicherheitsabstand
N060 G01 Z-10               ; in Vorschub auf Tiefe
N070 G03 X10 Y50 I-40 J0    ; in Vorschub auf P2
N080 G03 X50 Y90 I0 J40     ; in Vorschub auf P3
N090 G03 X90 Y50 I40 J0     ; in Vorschub auf P4
N100 G03 X50 Y10 I0 J-40    ; in Vorschub zurück auf P1
N110 G00 Z20                ; Rückzugsebene anfahren
N120 M30                    ; Programmende
```

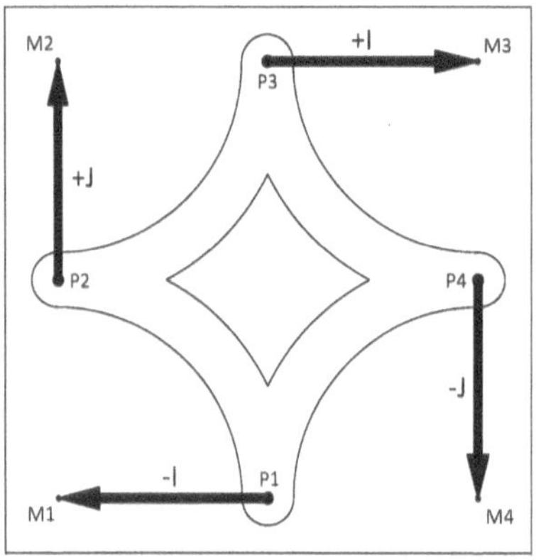

Bild 3.37
Skizze zur Fräsaufgabe 16

Für jeden der vier Viertelkreise gilt, dass der Mittelpunkt entweder in *X*-Richtung oder in *Y*-Richtung mit dem Startpunkt übereinstimmt. Daher ist eine der Komponenten *I* oder *J* hier null.

Beispiel: Bogen *P*1–*P*2

Der Bogenmittelpunkt (*M*1) liegt 40 mm links vom Startpunkt *P*1 und 0 mm über diesem.

$$I_1 = M1_x - P1_x = 10 - 50 = -40$$
$$J_1 = M1_y - P1_y = 10 - 10 = 0$$

3.18 Aufgabe 17 (Halbkreise, Geraden)

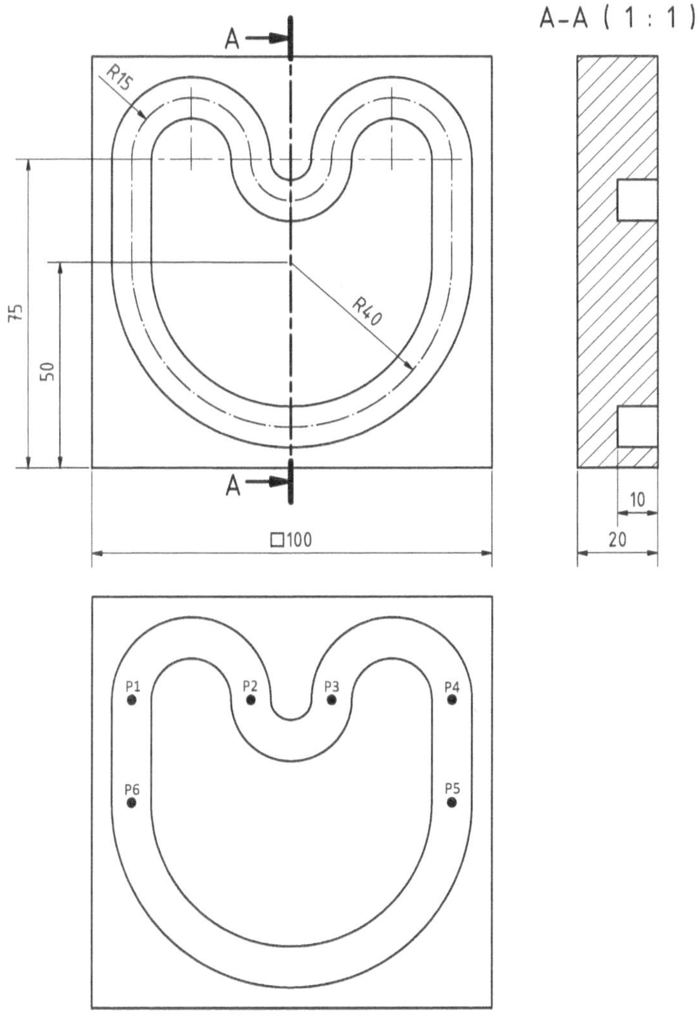

Bild 3.38 Zeichnung der Fräsaufgabe 17

Video der Bearbeitungssimulation: Aufgabe_Fraesen_17.mp4

```
N010 G54                      ; Nullpunktverschiebung
N020 T1 D1                    ; Tool 1 (D10mm) einwechseln
N030 M06                      ; Werkzeug spannen
N040 S2000 F800 M03           ; Technologiedaten
N050 G00 X10 Y75 Z2           ; über P1 mit Sicherheitsabstand
N060 G01 Z-10                 ; in Vorschub auf Tiefe
```

```
N070 G02 X40 Y75 I15 J0     ; in Vorschub auf P2
N080 G03 X60 Y75 I10 J0     ; in Vorschub auf P3
N090 G02 X90 Y75 I15 J0     ; in Vorschub auf P4
N100 G01 X90 Y50            ; in Vorschub auf P5
N110 G02 X10 Y50 I-40 J0    ; in Vorschub auf P6
N120 G01 X10 Y75            ; in Vorschub zurück auf P1
N130 G00 Z20                ; Rückzugsebene anfahren
N140 M30                    ; Programmende
```

Die Relativkoordinaten *I* und *J* für die Punkte *P*2 und *P*4 sind identisch, da diese nicht von der geometrischen Lage der beiden oberen Halbkreise abhängen.

3.19 Aufgabe 18 (Viertelkreise als Schneckenannäherung)

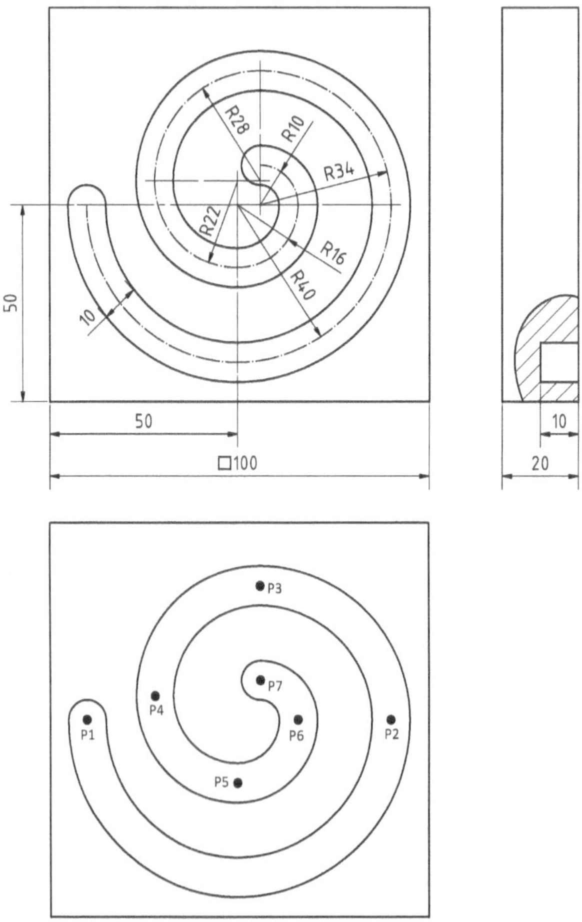

Bild 3.39 Zeichnung der Fräsaufgabe 18

Video der Bearbeitungssimulation: Aufgabe_Fraesen_18.mp4

```
N010 G54                    ; Nullpunktverschiebung
N020 T1 D1                  ; Tool 1 (D10mm) einwechseln
N030 M06                    ; Werkzeug spannen
N040 S2000 F800 M03         ; Technologiedaten
N050 G00 X10 Y50 Z2         ; über P1 mit Sicherheitsabstand
N060 G01 Z-10               ; in Vorschub auf Tiefe
N070 G03 X90 Y50 I40 J0     ; in Vorschub auf P2
N080 G03 X56 Y84 I-34 J0    ; in Vorschub auf P3
N090 G03 X28 Y56 I0 J-28    ; in Vorschub auf P4
N100 G03 X50 Y34 I22 J0     ; in Vorschub auf P5
N110 G03 X66 Y50 I0 J16     ; in Vorschub auf P6
N120 G03 X56 Y60 I-10 J0    ; in Vorschub auf P7
N130 G00 Z20                ; Rückzugsebene anfahren
N140 M30                    ; Programmende
```

Die Annäherung einer Schnecke über Viertelkreise hat praktisch keine technische Relevanz. Der Abstand vom Mittelpunkt der Schneckenstruktur muss sich kontinuierlich, also in einem stetigen Kurvenverlauf, ändern, um eine mathematisch korrekte Schneckenkontur zu beschreiben. In diesem Beispiel ist der erste Abschnitt zudem ein Halbkreis (R = 40 mm).

3.20 Aufgabe 19 (Bogen, Pythagoras)

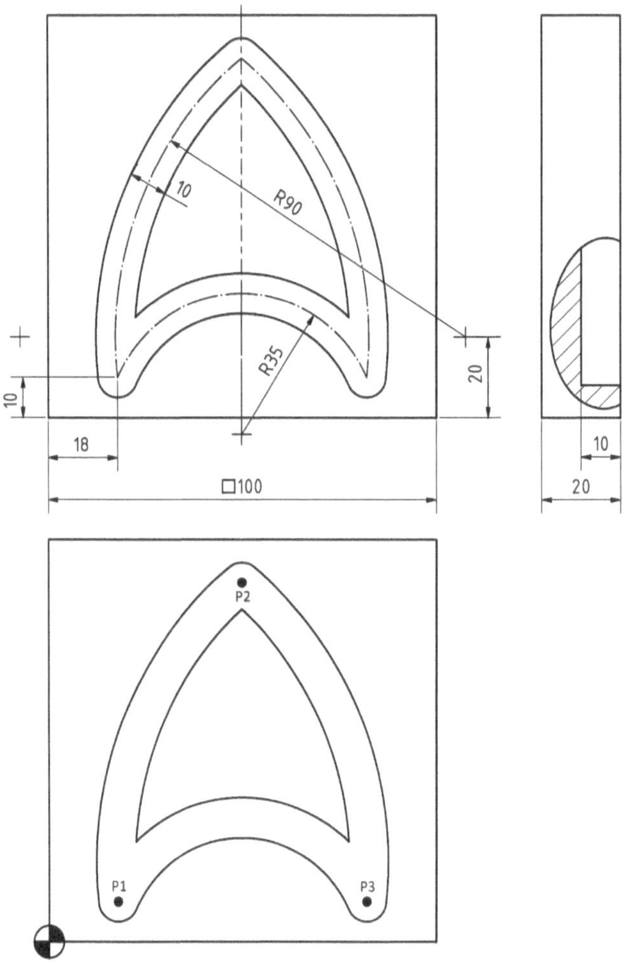

Bild 3.40 Zeichnung der Fräsaufgabe 19

Video der Bearbeitungssimulation: Aufgabe_Fraesen_19.mp4

```
N010 G54                                  ; Nullpunktverschiebung
N020 T1 D1                                ; Tool 1 (D10mm) einwechseln
N030 M06                                  ; Werkzeug spannen
N040 S2000 F800 M03                       ; Technologiedaten
N050 G00 X18 Y10 Z2                       ; über P1 mit Sicherheitsabstand
N060 G01 Z-10                             ; in Vorschub auf Tiefe
N070 G02 X50 Y89.284 I89.443 J+10         ; in Vorschub auf P2
N080 G02 X82 Y10 I-57.443 J-69.284        ; in Vorschub auf P3
```

```
N090 G03 X18 Y10 I-32 J-14.177        ; in Vorschub zurück auf P1
N100 G00 Z20                          ; Rückzugsebene anfahren
N110 M30                              ; Programmende
```

Die Berechnung der Relativkoordinaten (*I*, *J*, *K*) bei den Bogenbefehlen G02 und G03 ist nur dann trivial, wenn es sich um Voll-, Halb- oder Viertelkreise handelt. Bei Teilkreisen liegt der Mittelpunkt in der Regel nicht auf einer orthogonalen Position mit dem Startpunkt, und daher müssen die Relativkoordinaten berechnet werden.

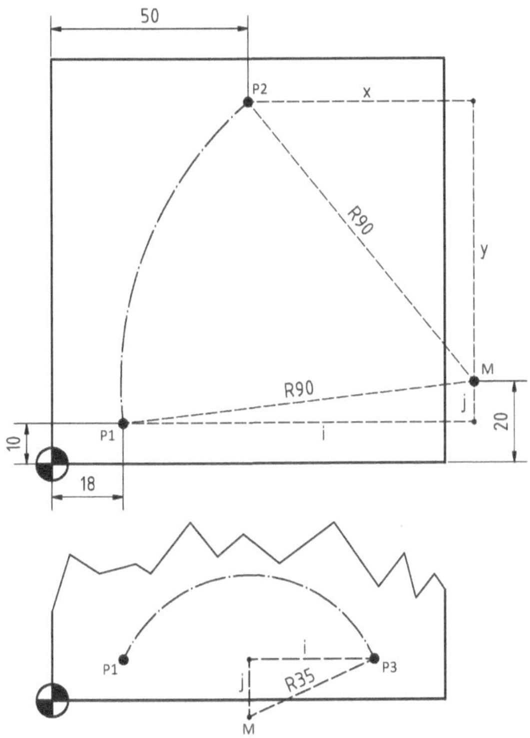

Bild 3.41
Skizze zur Fräsaufgabe 19

Berechnung: Bogen *P*1–*P*2

$$i = \sqrt{90^2 - j^2} = \sqrt{90^2 - 10^2} = 89,443$$

$$x = i + 18 - 50 = 57,443$$

$$y = \sqrt{90^2 - 57,443^2} = 69,284$$

$$P2_y = 20 + y = 20 + 69,284 = 89,284$$

Berechnung: Bogen *P*3–*P*1

$$i = \frac{(100 - 2 \cdot 18)}{2} = 32$$

$$j = \sqrt{35^2 - 32^2} = 14{,}177$$

3.21 Aufgabe 20 (Bogen, Trigonometrie)

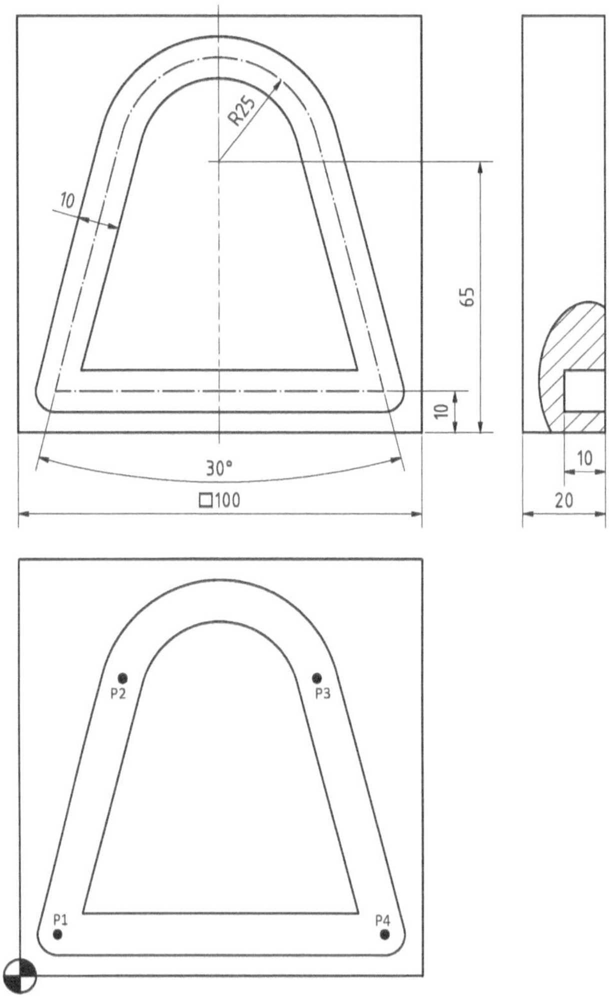

Bild 3.42 Zeichnung der Fräsaufgabe 20

Video der Bearbeitungssimulation: Aufgabe_Fraesen_20.mp4

```
N010 G54                                ; Nullpunktverschiebung
N020 T1 D1                              ; Tool 1 (D10mm) einwechseln
N030 M06                                ; Werkzeug spannen
N040 S2000 F800 M03                     ; Technologiedaten
N050 G00 X9.381 Y10 Z2                  ; über P1 mit Sicherheitsabstand
N060 G01 Z-10                           ; in Vorschub auf Tiefe
N070 G01 X25.852 Y71.470                ; in Vorschub auf P2
N080 G02 X74.148 Y71.470 I24.148 J-6.470  ; in Vorschub auf P3
N090 G01 X90.619 Y10                    ; in Vorschub auf P4
N100 G01 X9.381 Y10                     ; in Vorschub zurück auf P1
N110 G00 Z20                            ; Rückzugsebene anfahren
N120 M30                                ; Programmende
```

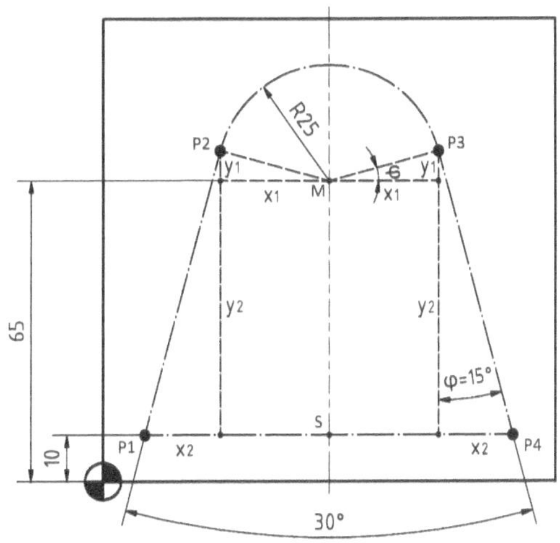

Bild 3.43
Skizze 1 zur Fräsaufgabe 20

Für die Berechnung des Punkts *P*1 ist die Strecke *x*2 erforderlich. Daher werden zunächst die Strecken *x*1 und *y*1 berechnet. Der Winkel φ ergibt sich aus der Symmetrie der Konstruktion (30/2)°.

Die Senkrechte im Berührungspunkt einer Kreistangente (hier die Punkte *P*2 und *P*3) weist immer auf den Mittelpunkt des Kreises.

Die Tangente und ihre zugehörige Lotrechte stellen einen reflektierenden Winkel dar. Alle Scheitelwinkel haben die gleiche Größe (φ).

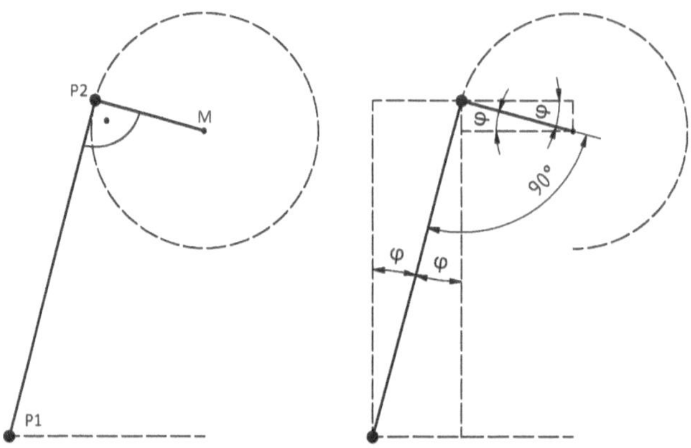

Bild 3.44 Skizze 2 zur Fräsaufgabe 20

Berechnung der Teilstrecken *x*1 und *y*1

$$\cos(15°) = \frac{x_1}{25}$$

$$x_1 = \cos(15°) \cdot 25 = 24{,}148$$

$$\sin(15°) = \frac{y_1}{25}$$

$$y_1 = \sin(15°) \cdot 25 = 6{,}470$$

Berechnung der Teilstrecken *x*2 und *y*2

$$y_2 = 65 - 10 + y_1 = 65 - 10 + 6{,}470 = 61{,}470$$

$$\tan(15°) = \frac{x_2}{y_2}$$

$$x_2 = \tan(15°) \cdot 61{,}470 = 16{,}471$$

Berechnung: *P*1

$$P1_x = \frac{100}{2} - x_1 - x_2 = 50 - 24{,}148 - 16{,}471 = 9{,}381$$
$$P1_y = 10$$

Berechnung: *P*2

$$P2_x = \frac{100}{2} - x_1 = 50 - 24{,}148 = 25{,}852$$
$$P2_y = 10 + y_2 = 10 + 61{,}470 = 71{,}470$$

■ 3.22 Aufgabe 21 (Gerade, Kreis, Bogen, Tangentenberechnung)

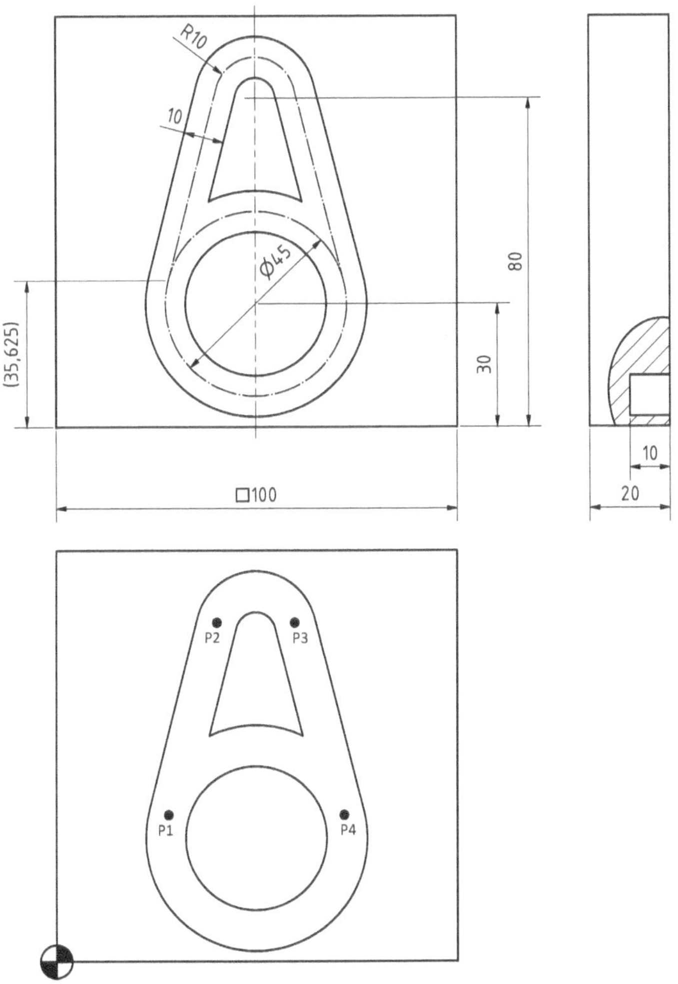

Bild 3.45 Zeichnung der Fräsaufgabe 21

Video der Bearbeitungssimulation: Aufgabe_Fraesen_21.mp4

```
N010 G54                                    ; Nullpunktverschiebung
N020 T1 D1                                  ; Tool 1 (D10mm) einwechseln
N030 M06                                    ; Werkzeug spannen
N040 S2000 F800 M03                         ; Technologiedaten
N050 G00 X28.215 Y35.625 Z2                 ; über P1 mit Sicherheitsabstand
N060 G01 Z-10                               ; in Vorschub auf Tiefe
N070 G02 X28.215 Y35.625 I21.786 J-5.625    ; in Vorschub auf P1
N080 G01 X40.318 Y82.5                      ; in Vorschub auf P2
N090 G02 X59.682 Y82.5 I9.682 J-2.5         ; in Vorschub auf P3
N100 G01 X71.786 Y35.625                    ; in Vorschub auf P4
N110 G00 Z20                                ; Rückzugsebene anfahren
N120 M30                                    ; Programmende
```

Die beiden äußeren Geraden tangieren zwei Kreisabschnitte. Die Lotrechten auf den beiden Tangenten weisen mit einem identischen Winkel φ auf die Mittelpunkte der Bögen. Zur Vereinfachung ist in der Zeichnung die y-Koordinate des unteren Tangentialpunkts angegeben.

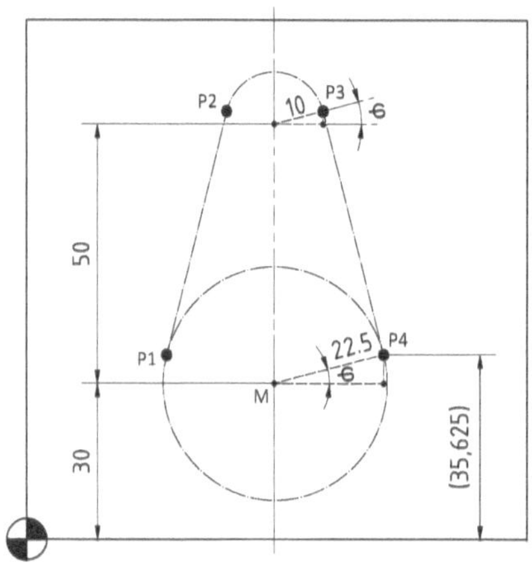

Bild 3.46
Skizze zur Fräsaufgabe 21

Da die Kontur eine Grundsymmetrie aufweist, ist es ausreichend, zwei Punkte zu berechnen. Die Koordinaten können dann gespiegelt werden. Es werden hier die notwendigen Berechnungen für die Punkte $P3$ und $P4$ durchgeführt. Da die Mittelpunkte der beiden Bögen vollständig bemaßt sind, werden nur die Abstände vom Mittelpunkt bis zum Tangentialpunkt bestimmt.

Komponenten der Strecke *M–P4*

$$MP4_y = 35{,}625 - 30 = 5{,}625$$

$$MP4_x = \sqrt{22{,}5^2 - 5{,}625^2} = 21{,}786$$

$$\tan(\varphi) = \frac{MP4_y}{MP4_x}$$

$$\varphi = \arctan\left(\frac{5{,}625}{21{,}786}\right) = 14{,}478°$$

Die Lotrechten auf den Tangentialpunkten weisen mit dem gleichen Winkel auf die Mittelpunkte. Daher sind die Dreieckskomponenten (siehe oben) vergleichbar bzw. über den Strahlensatz berechenbar. Der Skalierungsfaktor ist hier der Quotient der beiden Bogenradien (10 mm und 22,5 mm).

Strahlensatz

$$MP3_x = MP4_x \cdot \frac{10}{22{,}5} = 21{,}768 \cdot \frac{10}{22{,}5} = 9{,}682$$

$$MP3_y = MP4_y \cdot \frac{10}{22{,}5} = 5{,}625 \cdot \frac{10}{22{,}5} = 2{,}5$$

3.23 Aufgabe 22 (Bogen, Tangentenberechnung)

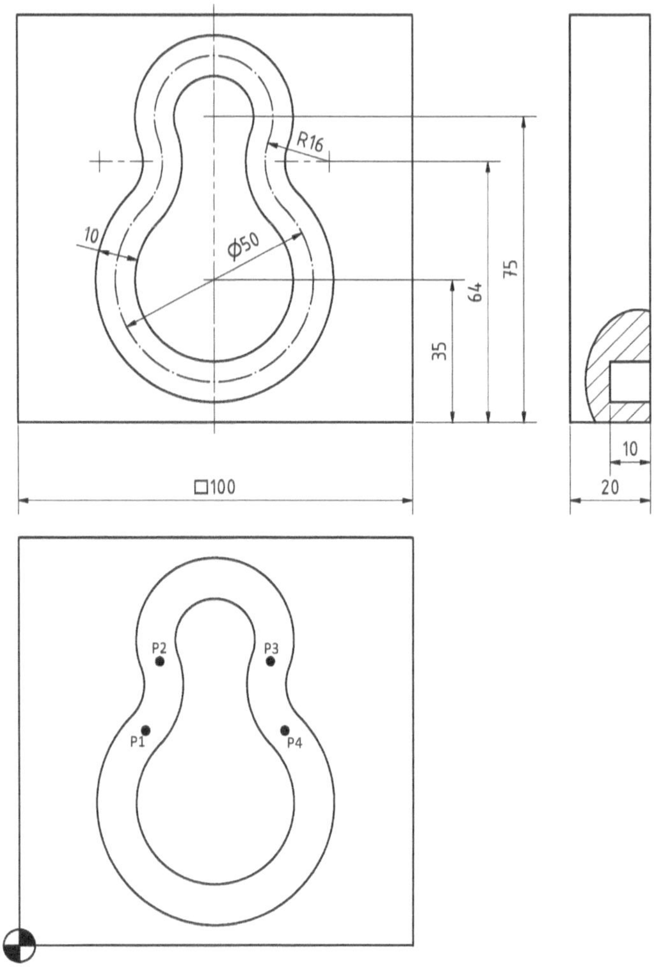

Bild 3.47 Zeichnung der Fräsaufgabe 22

Video der Bearbeitungssimulation: Aufgabe_Fraesen_22.mp4

```
N010 G54                          ; Nullpunktverschiebung
N020 T1 D1                        ; Tool 1 (D10mm) einwechseln
N030 M06                          ; Werkzeug spannen
N040 S2000 F800 M03               ; Technologiedaten
N050 G00 X32.328 Y52.683 Z2       ; über P1 mit
                                    Sicherheitsabstand
N060 G01 Z-10                     ; in Vorschub auf Tiefe
```

```
N070 G03 X35.976 Y69.677 I-11.310 J11.317     ; in Vorschub auf P2
N080 G02 X64.024 Y69.677 I14.024 J5.323       ; in Vorschub auf P3
N090 G03 X67.672 Y52.683 I14.959 J-5.677      ; in Vorschub auf P4
N100 G02 X32.328 Y52.683 I-17.672 J-17.683    ; in Vorschub auf P1
N110 G00 Z20                                  ; Rückzugsebene anfahren
N120 M30                                      ; Programmende
```

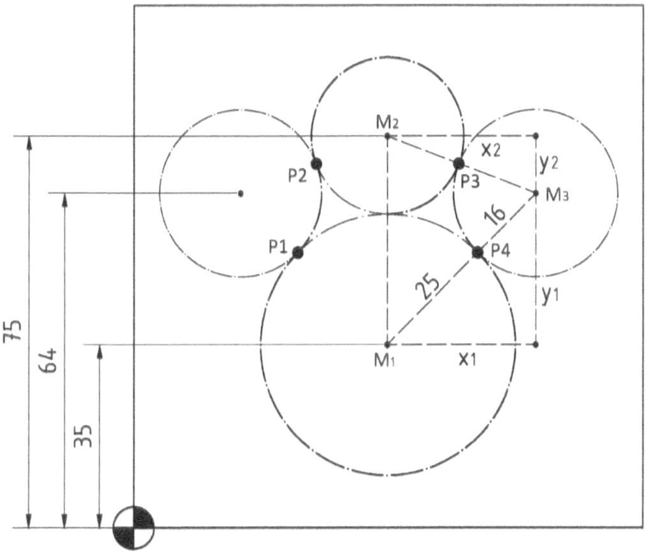

Bild 3.48 Skizze zur Fräsaufgabe 22

Bei der geometrischen Betrachtung tangierender Kreise fällt auf, dass sich ein Dreieck aufspannen lässt, dessen Seiten aus der Summe zweier beteiligter Radien besteht. Dies folgt aus dem Umstand, dass alle Lotrechten in den Tangentialpunkten auf die Kreismittelpunkte weisen.

Zunächst werden die Mittelpunkte der beiden äußeren Radien relativ zum Punkt $M1$ bestimmt.

$$x1 = \sqrt{(25+16)^2 - (64-35)^2} = 28{,}983$$
$$y_1 = 64 - 35 = 29$$

Komponenten der Strecke *M*1-*P*4

Der Tangentialpunkt $P4$ kann nun über den Strahlensatz bestimmt werden.

$$M_1P4_x = x1 \cdot \left(\frac{25}{(25+16)} \right) = 17{,}672$$

$$M_1P4_y = y_1 \cdot \left(\frac{25}{(25+16)} \right) = 17{,}683$$

Komponenten der Strecke *M*2–*M*3

$y2 = 75 - 64 = 11 \quad \text{und} \quad x2 = x1$

3.24 Aufgabe 23 (Gerade, Bogen, Tangentenberechnung)

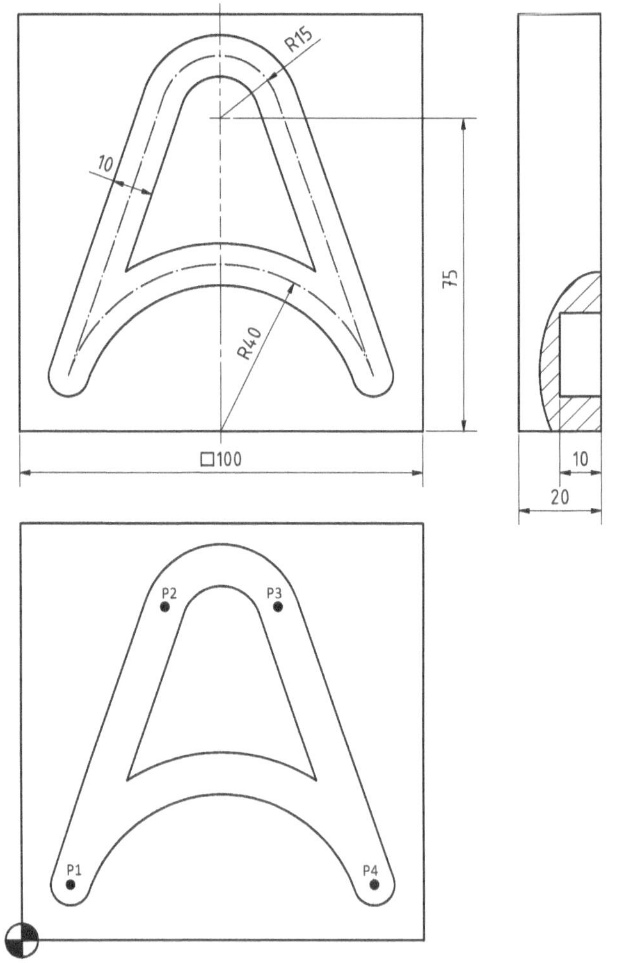

Bild 3.49 Zeichnung der Fräsaufgabe 23

Video der Bearbeitungssimulation: Aufgabe_Fraesen_23.mp4

```
N010 G54                                       ; Nullpunktverschiebung
N020 T1 D1                                     ; Tool 1 (D10mm) einwechseln
N030 M06                                       ; Werkzeug spannen
N040 S2000 F800 M03                            ; Technologiedaten
N050 G00 X12.288 Y13.333 Z2                    ; über P1 mit Abstand
N060 G01 Z-10                                  ; in Vorschub auf Tiefe
N070 G01 X35.858 Y80                           ; in Vorschub auf P2
N080 G02 X64.142 Y80 I14.142 J-5               ; in Vorschub auf P3
N090 G01 X87.712 Y13.333                       ; in Vorschub auf P4
N100 G03 X12.288 Y13.333 I-37.712 J-13.333     ; in Vorschub auf P1
N110 G00 Z20                                   ; Rückzugsebene anfahren
N120 M30                                       ; Programmende
```

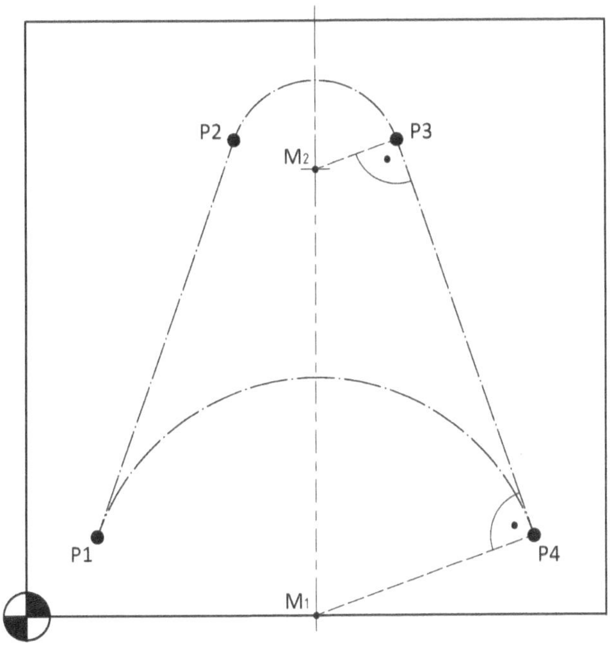

Bild 3.50 Skizze 1 zur Fräsaufgabe 23

Beide Kreissegmente werden von der Geraden *P*3-*P*4 tangiert. Die Normalen in den Tangentialpunkten weisen auf die entsprechenden Kreismittelpunkte.

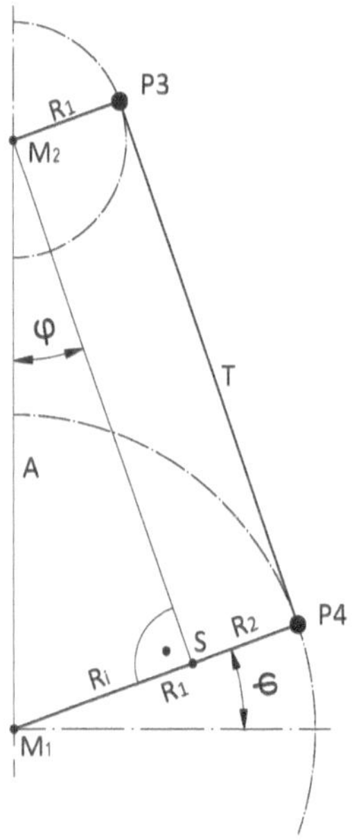

Bild 3.51
Skizze 2 zur Fräsaufgabe 23

Der Abstand der beiden Mittelpunkte ist A, und die Differenz der beiden Radien ($R_1 < R_2$) beträgt R_i.

Das Dreiecke M_1-M_2-S hat einen rechten Winkel bei Punkt S. Die Tangente $P3$-$P4$ ist parallel zur Strecke M_2-S und hat die gleiche Länge.

Damit ergibt sich die Länge der Tangente:

$$T = \sqrt{A^2 - R_i^2} = \sqrt{75^2 - (40-15)^2} = 70{,}711$$

$$\tan(\varphi) = \left(\frac{R_i}{T}\right)$$

$$\varphi = \arctan\left(\frac{R_i}{T}\right) = \arctan\left(\frac{40-15}{70{,}711}\right) = 19{,}471°$$

Komponenten der Strecke M_1–$P4$

$$M_1P4_x = \cos(\varphi)\cdot R_1 = \cos(19{,}471°)\cdot 40 = 37{,}712$$

$$M_1P4_y = \sin(\varphi)\cdot R_1 = \sin(19{,}471°)\cdot 40 = 13{,}333$$

Komponenten der Strecke M_2–$P3$

$$M_2P3_x = \cos(\varphi)\cdot R_2 = \cos(19{,}471°)\cdot 15 = 14{,}142$$

$$M_2P3_y = \sin(\varphi)\cdot R_2 = \sin(19{,}471°)\cdot 15 = 5$$

3.25 Aufgabe 24 (Bogen, vektorielle Kreisschnittpunktberechnung)

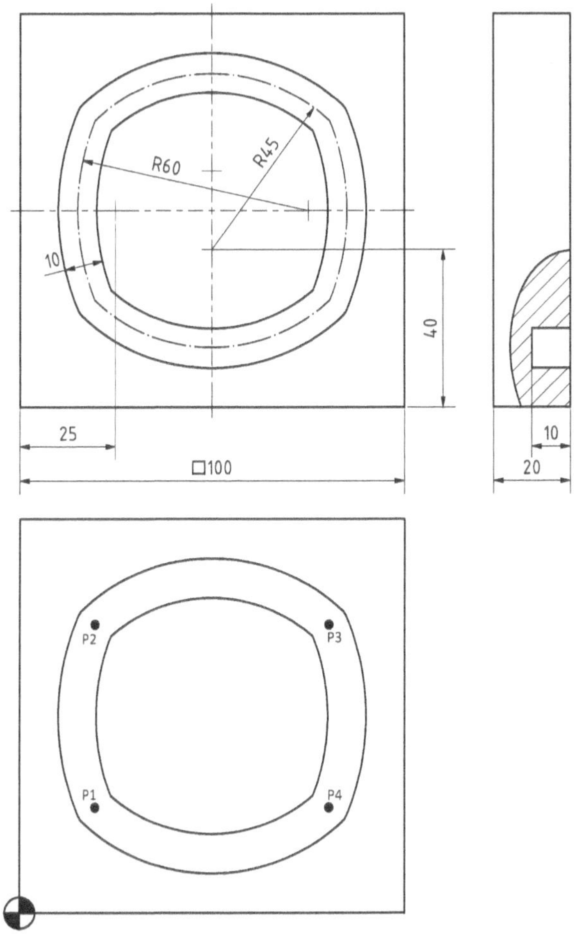

Bild 3.52 Zeichnung der Fräsaufgabe 24

Video der Bearbeitungssimulation: Aufgabe_Fraesen_24.mp4

```
N010 G54                              ; Nullpunktverschiebung
N020 T1 D1                            ; Tool 1 (D10mm) einwechseln
N030 M06                              ; Werkzeug spannen
N040 S2000 F800 M03                   ; Technologiedaten
N050 G00 X19.694 Y26.735 Z2           ; über P1 mit
                                        Sicherheitsabstand
N060 G01 Z-10                         ; in Vorschub auf Tiefe
```

```
N070 G02 X19.694 Y73.265 I55.306 J23.265     ; in Vorschub auf P2
N080 G02 X80.306 Y73.265 I30.306 J-33.265    ; in Vorschub auf P3
N090 G02 X80.306 Y26.735 I-55.306 J-23.265   ; in Vorschub auf P4
N100 G02 X19.694 Y26.735 I-30.306 J33.265    ; in Vorschub auf P1
N110 G00 Z20                                  ; Rückzugsebene anfahren
N120 M30                                      ; Programmende
```

Die Schnittpunkte der vier Kreisradien sind symmetrisch angeordnet. Daher reicht es aus, einen Schnittpunkt (hier *P*2) zu berechnen. Auch für die Relativabstände (*i* und *j*) sind lediglich die Berechnungen für die Radien 60 mm und 45 mm notwendig. Alle Kreiszyklen lassen sich dann durch das Spiegeln dieser Werte beschreiben.

Da die geometrische Lösung zu aufwendig ist, wird der vektorielle Ansatz gewählt.

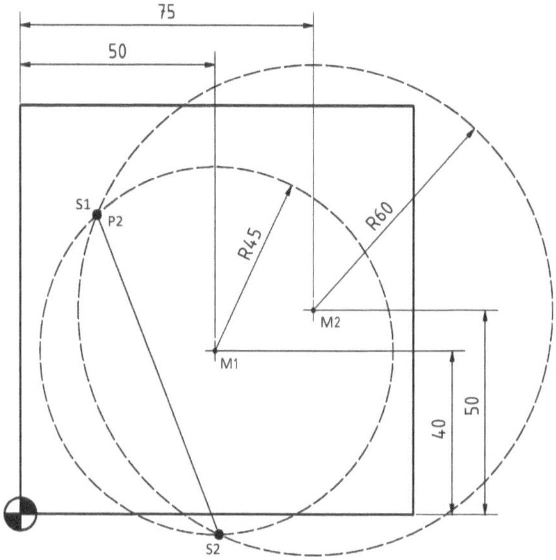

Bild 3.53 Skizze 1 zur Fräsaufgabe 24

Die beiden Kreise lassen sich durch ihre Normalenform beschreiben:

$$K1\colon\ 45^2 = (x-50)^2 + (y-40)^2$$

$$K2\colon\ 60^2 = (x-75)^2 + (y-50)^2$$

Zwei Kreise können keinen oder einen (Tangential) oder zwei Schnittpunkte haben. Durch Gleichsetzen der beiden Kreisgleichungen kann eine Unbekannte eliminiert werden.

$$(x-50)^2+(y-40)^2-45^2=(x-75)^2+(y-50)^2-60^2$$
$$x^2-2\cdot 50\cdot x+50^2+y^2-2\cdot 40\cdot y+40^2-45^2=x^2-2\cdot 75\cdot x+75^2+y^2-2\cdot 50\cdot y+50^2-60^2$$
$$-2\cdot 50\cdot x-2\cdot 40\cdot y+40^2-45^2=-2\cdot 75\cdot x+75^2-2\cdot 50\cdot y-60^2$$
$$-100\cdot x-80\cdot y+1600-2025=-150\cdot x+5625-100\cdot y-3600$$
$$20\cdot y=-50\cdot x+2450$$
$$y=-2{,}5\cdot x+122{,}5$$

Dies stellt die Geradengleichung ($S1$–$S2$) dar. Nach dem Einsetzen in eine der beiden Kreisgleichungen muss die quadratische Gleichung interpretiert und gelöst werden:

$$x^2-100\cdot x+2500+y^2-80\cdot y+1600=45^2$$
$$x^2-100\cdot x+2075+(-2{,}5\cdot x+122{,}5)^2-80\cdot(-2{,}5\cdot x+122{,}5)=0$$
$$x^2-100\cdot x+2075+6{,}25\cdot x^2-612{,}5\cdot x+15006{,}25+200\cdot x-9800=0$$
$$7{,}25\cdot x^2-512{,}5\cdot x+7281{,}25=0$$

$$x^2-\frac{512{,}5}{7{,}25}\cdot x+\frac{7281{,}25}{7{,}25}=0$$

Quadratische Gleichung lösen und prüfen:

$$x^2+px+q=0$$

$$x_{1,2}=-\frac{p}{2}\pm\sqrt{\left(\frac{p}{2}\right)^2-q}$$

$$D=\left(\frac{p}{2}\right)^2-q=\left(-\frac{512{,}5}{7{,}25\cdot 2}\right)^2-\frac{7281{,}25}{7{,}25}=244{,}946$$

Da die Diskriminante $D>0$ ist, gibt es zwei Lösungen (Schnittpunkte):

$$x_1=-\frac{512{,}5}{14{,}5}+\sqrt{\left(-\frac{512{,}5}{14{,}5}\right)^2-\frac{7281.25}{7{,}25}}=50{,}996$$

$$x_2=-\frac{512{,}5}{14{,}5}-\sqrt{\left(-\frac{512{,}5}{14{,}5}\right)^2-\frac{7281.25}{7{,}25}}=19{,}694$$

Durch Einsetzen (z. B. in die Geradengleichung) können die y-Anteile berechnet werden:

$$y = -2{,}5 \cdot x + 122{,}5$$

$$y_1 = -2{,}5 \cdot 50{,}996 + 122{,}5 = -4{,}99$$

$$y_2 = -2{,}5 \cdot 19{,}694 + 122{,}5 = 73{,}265$$

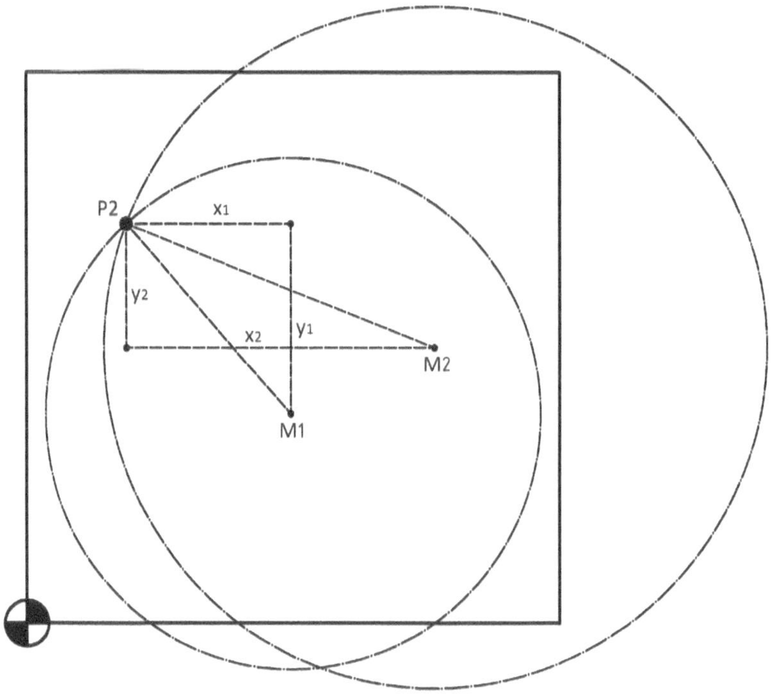

Bild 3.54 Skizze 2 zur Fräsaufgabe 24

Die relativen Abstände zu den Kreismittelpunkten (I, J) ergeben sich als Differenzen:

$$\text{Bezugspunkt: } \overrightarrow{P2} = \begin{pmatrix} 19{,}694 \\ 73{,}265 \end{pmatrix}$$

$$x_1 = 50 - 19{,}694 = 30{,}306$$
$$y_1 = 73{,}265 - 40 = 33{,}265$$

$$x_2 = 75 - 19{,}694 = 55{,}306$$
$$y_2 = 73{,}265 - 50 = 23{,}265$$

3.26 Aufgabe 25 (Gerade, Bogen, Pythagoras, Trigonometrie)

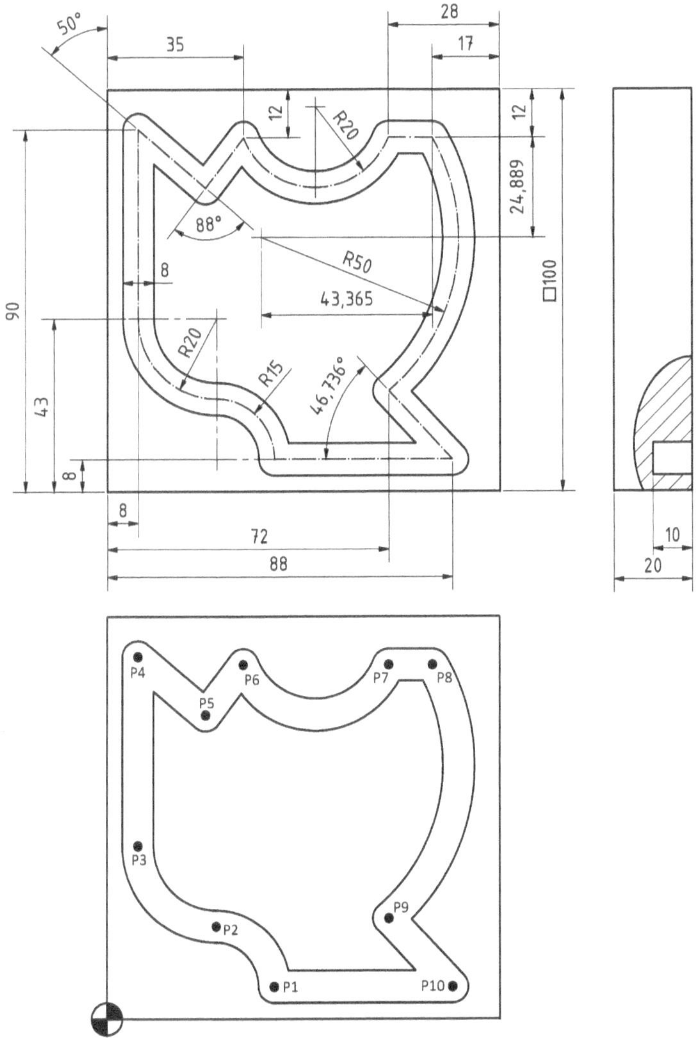

Bild 3.55 Zeichnung der Fräsaufgabe 25

Video der Bearbeitungssimulation: Aufgabe_Fraesen_25.mp4

```
N010 G54                              ; Nullpunktverschiebung
N020 T2 D1                            ; Tool 2 (D8mm) einwechseln
N030 M06                              ; Werkzeug spannen
```

```
N040 S2000 F800 M03                   ; Technologiedaten
N050 G00 X43 Y8                       ; über P1 mit Sicherheitsabstand
N060 G01 Z-10                         ; in Vorschub auf Tiefe
N070 G03 X28 Y23 I-15 J0              ; in Vorschub auf P2
N080 G02 X8 Y43 I0 J20                ; in Vorschub auf P3
N090 G01 Y90                          ; in Vorschub auf P4
N100 G01 X25.252 Y75.524              ; in Vorschub auf P5
N110 G01 X35 Y88                      ; in Vorschub auf P6
N120 G03 X72 Y88 I18.5 J7.599         ; in Vorschub auf P7
N130 G01 X83                          ; in Vorschub auf P8
N140 G02 X72 Y25 I-43.365 J-24.889    ; in Vorschub auf P9
N150 G01 X88 Y8                       ; in Vorschub auf P10
N160 G01 X43                          ; in Vorschub zurück auf P1
N170 G00 Z20                          ; Rückzugsebene anfahren
N180 M30                              ; Programmende
```

Der Konturverlauf dieser Aufgabe ist etwas aufwendiger und kann durch einige einfache Einzelschritte aufgelöst werden, die im Folgenden dargestellt sind.

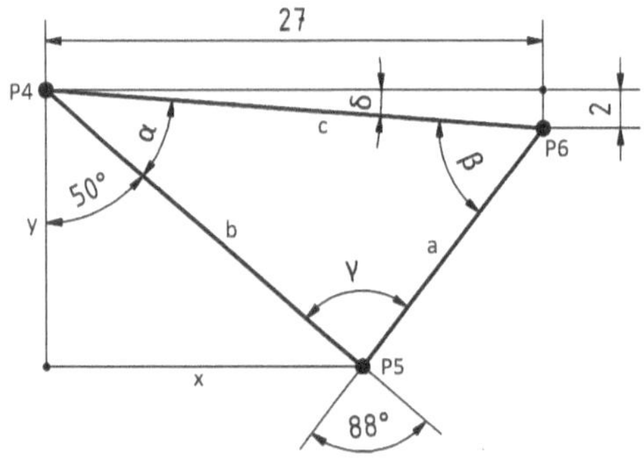

Bild 3.56
Skizze 1 zur Fräsaufgabe 25

Die Punkte *P*1 bis *P*4 verlangen keine nennenswerte Berechnung. Für den Punkt *P*5 kann der Sinussatz, also das Verhältnis der Winkel und Seiten in einem Dreieck, herangezogen werden.

Berechnung: *P5*

$$\delta = \arctan\left(\frac{2}{27}\right) = 4{,}236^\circ$$

$$\alpha = 90^\circ - 50^\circ - \delta = 35{,}764^\circ$$

$$\beta = 180^\circ - \alpha - \gamma$$
$$\beta = 180^\circ - 35{,}764^\circ - 88^\circ = 56{,}236^\circ$$

Sinussatz:

$$\frac{c}{\sin(\gamma)} = \frac{b}{\sin(\beta)}$$

$\gamma = 88°$ und $c = \sqrt{2^2 + 27^2}$

$$b = \frac{c \cdot \sin(\beta)}{\sin(\gamma)} = \frac{\sqrt{2^2 + 27^2} \cdot \sin(56{,}236°)}{\sin(88°)} = 22{,}521$$

$$\sin(50°) = \frac{x}{b}$$

$$P5_x = 8 + x = 8 + \sin(50°) \cdot b = 25{,}252$$

$$\cos(50°) = \frac{y}{b}$$

$$P5_y = 90 - y = 90 - \cos(50°) \cdot b = 75{,}524$$

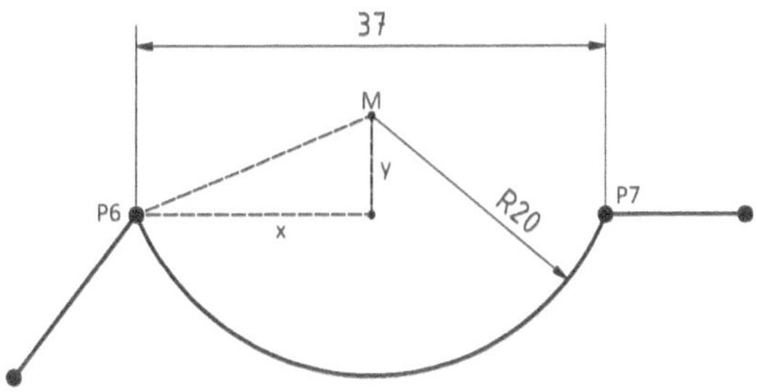

Bild 3.57
Skizze 2 zur Fräsaufgabe 25

Berechnung: Kreisbogen *P6–P7*

x und y entsprechen den Komponenten I und J.

$$x = \frac{37}{2} = 18{,}5$$

$$y = \sqrt{20^2 - 18{,}5^2} = 7{,}599$$

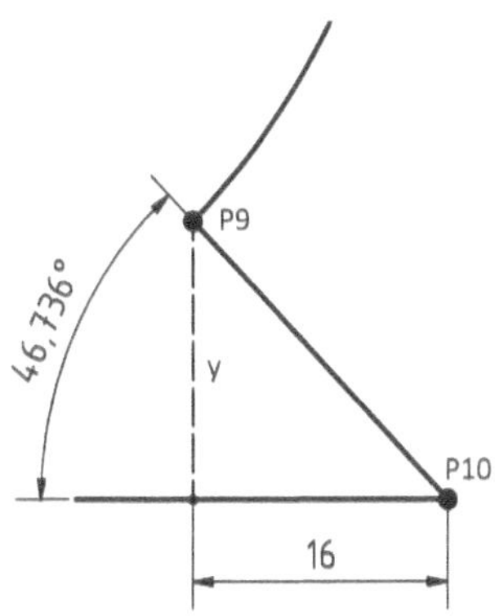

Bild 3.58
Skizze 3 zur Fräsaufgabe 25

Berechnung: Punkt *P9*

$$P9_x = 72$$

$$y = \tan(46{,}736°) \cdot 16 = 17$$

$$P9_y = 8 + 17 = 25$$

Berechnung: Kreisbogen *P8–P9*

Die Berechnung der Parameter wird sowohl geometrisch als auch vektoriell vorgestellt. Da die *x*-Komponenten der Stützpunkte nicht identisch sind, kann keine einfache Symmetriebedingung genutzt werden.

Der Mittelpunkt des Kreisbogens (*R*50) liegt auf einer Strecke, die senkrecht und mittig auf der Geraden *P*8–*P9* liegt. Der Mittelpunkt ist damit um den Punkt *P*8 verdreht.

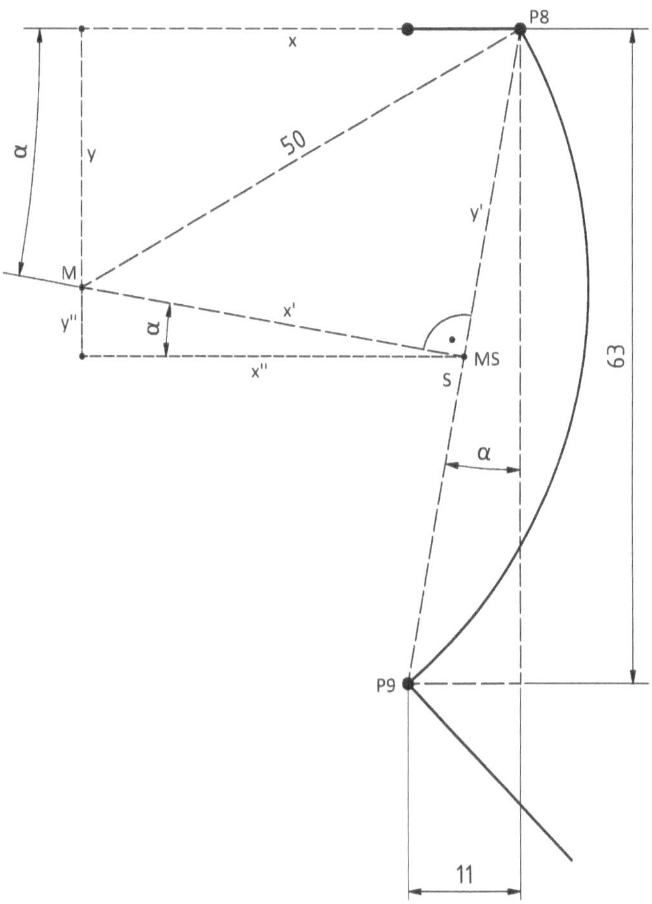

Bild 3.59 Skizze 4 zur Fräsaufgabe 25

$$P8_x = 100 - 17 = 83$$
$$P8_y = 100 - 12 = 88$$

$$\alpha = \arctan\left(\frac{P8_x - P9_x}{P8_y - P9_y}\right) = \arctan\left(\frac{11}{63}\right) = 9{,}904°$$

$$S = \sqrt{11^2 + 63^2} = 63{,}953$$

Lösung 1

$$P8MS_x = \frac{11}{2} = 5{,}5$$
$$P8MS_y = \frac{63}{2} = 31{,}5$$

$$y' = \frac{S}{2} = 31{,}977$$

$$x' = \sqrt{50^2 - y'^2} = 38{,}438$$

$$x = P8MS_x + x'' = 5{,}5 + \cos(\alpha) \cdot x' = 43{,}365$$
$$y = P8MS_y - y'' = 31{,}5 - \sin(\alpha) \cdot x' = 24{,}889$$

Lösung 2

Es wird angenommen, dass x' waagerecht und y' senkrecht steht. Der Punkt M entsteht, indem dessen Position um $-\alpha$ gedreht wird.

Die allgemeine Drehmatrix in der Ebene lautet:

$$\begin{pmatrix} x' \\ y' \end{pmatrix} = \begin{pmatrix} \cos(\alpha) & -\sin(\alpha) \\ \sin(\alpha) & \cos(\alpha) \end{pmatrix} \cdot \begin{pmatrix} x \\ y \end{pmatrix}$$

x und y sind die Ausgangswerte x' und y'.

$$x = \cos(-\alpha) \cdot x' - \sin(-\alpha) \cdot y' = \cos(-\alpha) \cdot 38{,}438 - \sin(-\alpha) \cdot 31{,}977 = 43{,}365$$
$$y = \sin(-\alpha) \cdot x' + \cos(-\alpha) \cdot y' = \sin(-\alpha) \cdot 38{,}438 + \cos(-\alpha) \cdot 31{,}977 = 24{,}889$$

4 Drehübungen

4.1 Ausführliche Einführungsaufgabe

In dieser Einführungsaufgabe werden zwei Absätze überdreht. Die Hinweise zur Bearbeitung gelten auch für alle nachfolgenden Aufgaben:

- Es wird davon ausgegangen, dass die Schruppbearbeitung bereits erfolgt ist. Die Schlichtbearbeitung führt lediglich die Endkontur nach. CNC-Drehmaschinen verfügen in der Regel über Zyklen, die sowohl das Ausräumen als auch die Endbearbeitung übernehmen.
- Der Nullpunkt wird hier auf der Stirnseite mittig angenommen. Bei wechselnden Werkstücklängen kann es sinnvoller sein, den Nullpunkt auf dem Spannfutter zu definieren.
- Die maximale Auslängung wird nicht beachtet (Verhältnis zwischen Einspannlänge und Bearbeitungslänge). Daher muss auch kein Reitstock eingesetzt werden.
- Im Werkzeugwechsler befinden sich alle notwendigen Werkzeuge auf den angegebenen Positionen und werden immer mit dem Korrekturregister D1 beschrieben.
- CNC-Befehle werden in der zweistelligen Darstellung (z. B. G01 statt G1) angegeben. Dies dient nur der Lesbarkeit und hat keinen technologischen Hintergrund.
- Die Positionsangaben werden von Maschinen unterschiedlich interpretiert. Die normale Koordinatenangabe im metrischen System ist in Millimeter und auf drei Nachkommastellen genau, da dies der üblichen Reproduktionsgenauigkeit entspricht. Einige Steuerungen interpretieren Ganzzahlen als Mikrometerangabe. Dies wird hier nicht berücksichtigt.
- Der notwendige Abstich wird nicht beachtet.
- Das verwendete Schlichtwerkzeug hat einen Nebenschneidenwinkel von 31,5° und darf maximal mit 30° in die Kontur eintauchen.

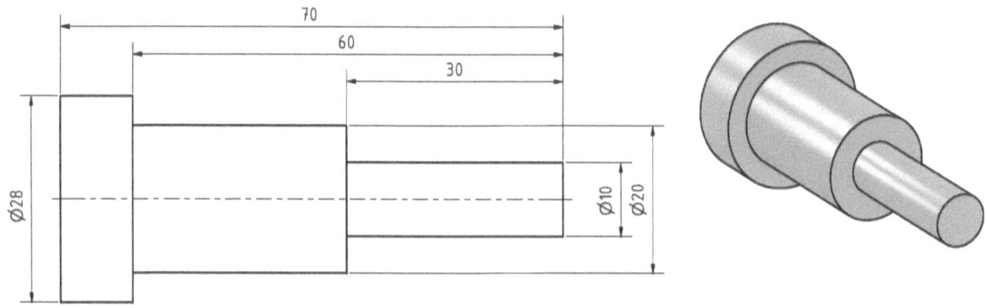

Bild 4.1 Einführungsaufgabe: Drehen

Die notwendigen Einrichtungsschritte entsprechen weitestgehend dem Einführungsbeispiel Fräsen.

- Referenzieren der Maschine (nach dem Neustart)
- Einrichten des Nullpunkts
- Einrichten des Werkzeugwenders

4.1.1 Bearbeitungsfolge

Der Werkstücknullpunkt wird hier innerhalb des Rohteils definiert, um ein Schlicht- bzw. Schruppaufmaß an der Stirnseite zu gewährleisten. Es wird eine Maschine angenommen, die oberhalb der Drehmitte von rechts nach links arbeitet.

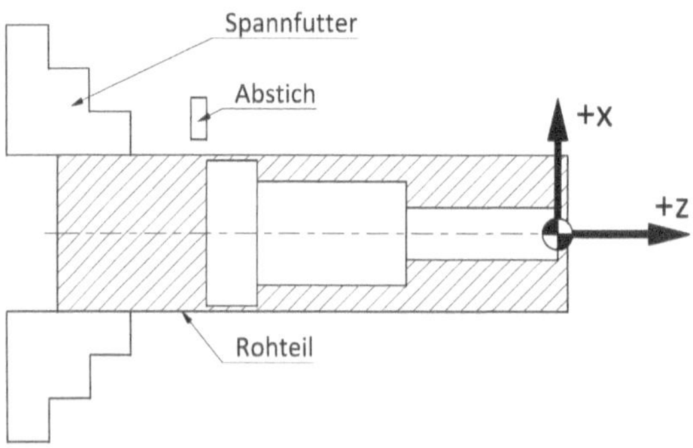

Bild 4.2
Einführungsaufgabe: Drehen – Rohteil vor der Schruppbearbeitung

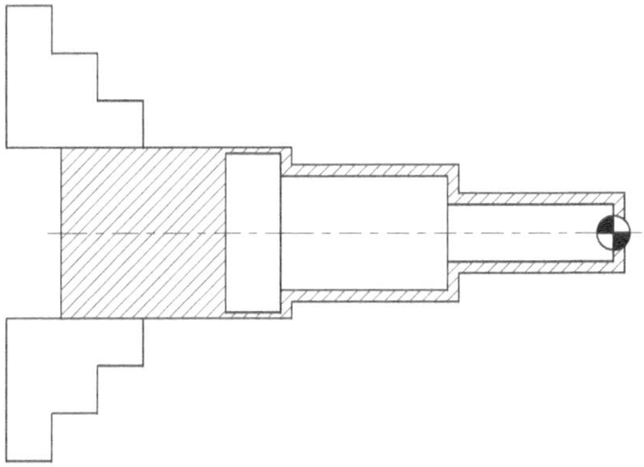

Bild 4.3
Einführungsaufgabe: Drehen – Rohteil nach der Schruppbearbeitung

Werkzeugradiuskorrektur

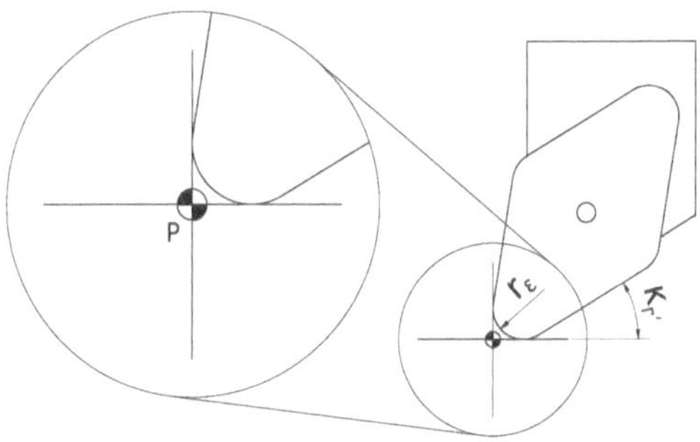

Bild 4.4
Arbeitspunkt bei der Radiuskorrektur

Die Schlichtbearbeitung von Drehteilen erfordert fast immer eine Werkzeugradiuskorrektur. Der vermessene und im Korrekturregister hinterlegte Punkt P stellt den Schnittpunkt der orthogonalen Radientangenten dar. Lediglich bei exakt horizontalen oder senkrechten Bewegungen entspricht dieser Punkt einem Schneidenpunkt. Das Werkzeug kann zudem maximal im Winkel K_r' eintauchen, da ansonsten die Nebenschneide im Eingriff wäre.

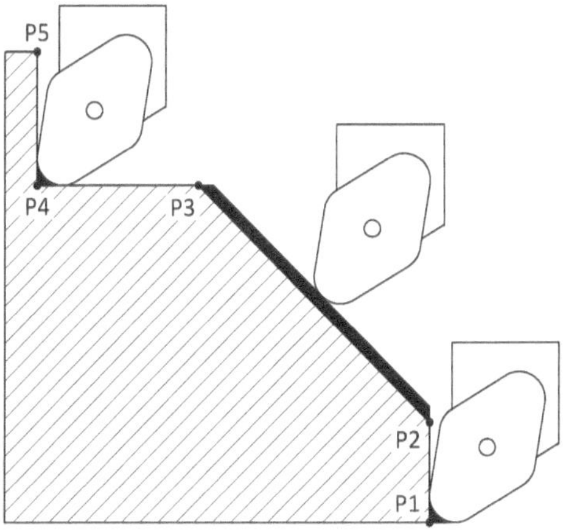

Bild 4.5
Drehen ohne Radiuskorrektur

Die Grafik veranschaulicht die Bearbeitungsprobleme beim unkorrigierten Drehen:

*P*1: Es bildet sich ein Materialansatz mit dem Radius der Schneide.

*P*2-*P*3: Der vermessene Punkt wird über die programmierte Strecke geführt und erzeugt einen Maßfehler.

*P*4: Der Schneidenradius bildet sich in allen Ecken ab. Dies ist technisch nicht zu verhindern und wird in Zeichnungen nur berücksichtigt, wenn dies erforderlich ist.

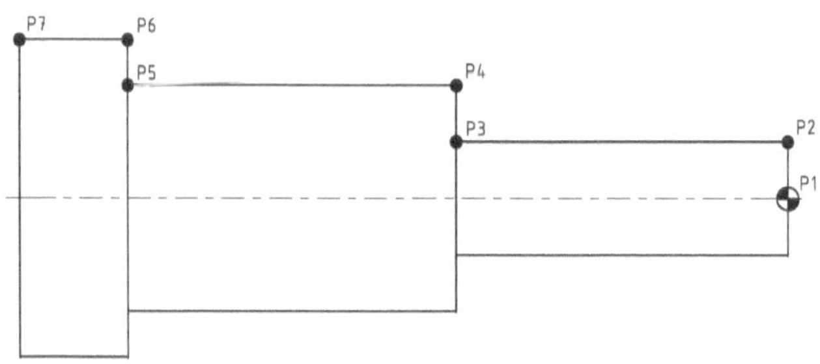

Bild 4.6 Einführungsaufgabe: Drehen - Bearbeitungsfolge 1

Die Bearbeitung erfolgt von rechts nach links, beginnend mit dem Werkstücknullpunkt *P*1. Da hinter dem letzten Punkt *P*7 der Abstich des Fertigteils stattfindet, kann dieser Punkt ein wenig überfahren werden, um eine Gratbildung zu verhindern. Die Kontur hat keine Hinterschneidungen und kann daher mit einem Werkzeug bearbeitet werden (linker Schlichtstahl).

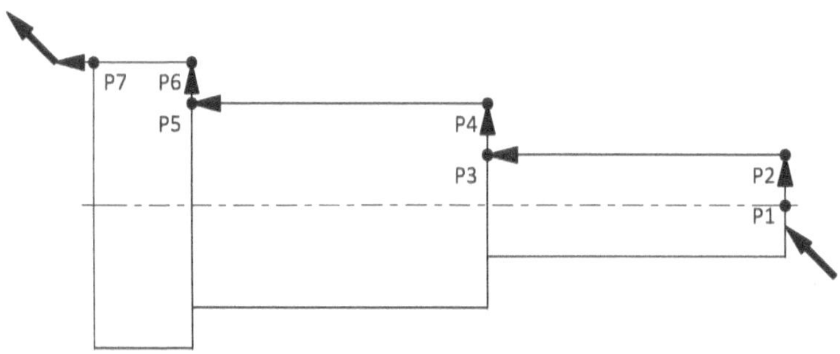

Bild 4.7 Einführungsaufgabe: Drehen - Bearbeitungsfolge 2

Der linke Schlichtstahl wird zunächst rechts unterhalb der Drehmitte positioniert, damit die Werkzeugradiuskorrektur nach rechts (G42) fehlerfrei ausgeführt werden kann. Der Startpunkt auf der Stirnseite des Werkstücks muss unterhalb von *P*1 liegen, um eine Abzeichnung des Werkzeugradius (r_ε) zu verhindern. Der Startdurchmesser ist damit ≤ $-(2 \cdot r_\varepsilon)$. Alle bemaßten Punkte können bis *P*6 nach Zeichnungsvorgabe abgefahren werden. Der Punkt *P7* wird leicht überfahren > (r_ε), um eine Gratbildung an der Abstechebene zu verhindern.

Listing 4.1 CNC-Programm

```
N010 G54              ; Nullpunktverschiebung
N020 T1 D1            ; Tool 1 (linker Schlichtstahl)
N030 S200 F0.2 M04    ; Technologiedaten
N040 G00 X-5 Z3       ; Eilgang auf Startposition
N050 G42              ; Werkzeugradiuskorrektur rechts
N060 G01 X-2 Z0       ; in Vorschub unter P1
N070 G01 X10 Z0       ; in Vorschub auf P2
N080 G01 X10 Z-30     ; in Vorschub auf P3
N090 G01 X20 Z-30     ; in Vorschub auf P4
N100 G01 X20 Z-60     ; in Vorschub auf P5
N110 G01 X28 Z-60     ; in Vorschub auf P6
N120 G01 X28 Z-71     ; in Vorschub hinter P7
N130 G40              ; Abwahl der Korrektur
N140 G01 X32 Z-73     ; Abfahrt in Konturrichtung
N150 M30              ; Programmende
```

4.2 Aufgabe 1 (Geraden, orthogonal)

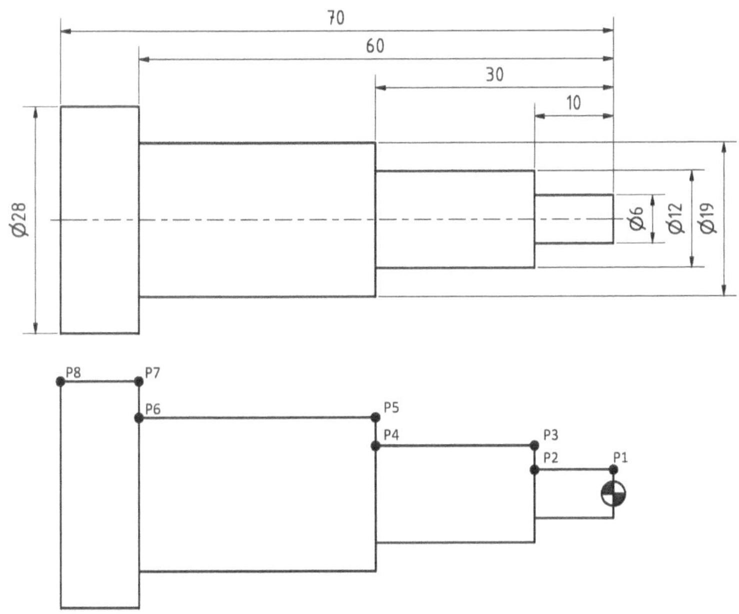

Bild 4.8 Zeichnung der Drehaufgabe 1

Video der Bearbeitungssimulation: Aufgabe_Drehen_01.mp4

```
N010 G54                ; Nullpunktverschiebung
N020 T1 D1              ; Tool 1 (linker Schlichtstahl)
N030 S200 F0.2 M04      ; Technologiedaten
N040 G00 X-5 Z3         ; in Eilgang auf Startpunkt
N050 G42                ; Radiuskorrektur nach rechts
N060 G01 X-2 Z0         ; in Vorschub unter Drehmitte
N070 G01 X6             ; in Vorschub auf P1
N080 G01 Z-10           ; in Vorschub auf P2
N090 G01 X12            ; in Vorschub auf P3
N100 G01 Z-30           ; in Vorschub auf P4
N110 G01 X19            ; in Vorschub auf P5
N120 G01 Z-60           ; in Vorschub auf P6
N130 G01 X28            ; in Vorschub auf P7
N140 G01 Z-71           ; in Vorschub hinter P8
N150 G40                ; Abwahl der Radiuskorrektur
N160 G01 X32 Z-73       ; Abfahrt
N170 M30                ; Programmende
```

Die Drehaufgaben gehen davon aus, dass lediglich der Schlichtvorgang durchgeführt werden muss. Es werden weder die Schruppgänge noch der Abstich dargestellt.

4.3 Aufgabe 2 (Geraden)

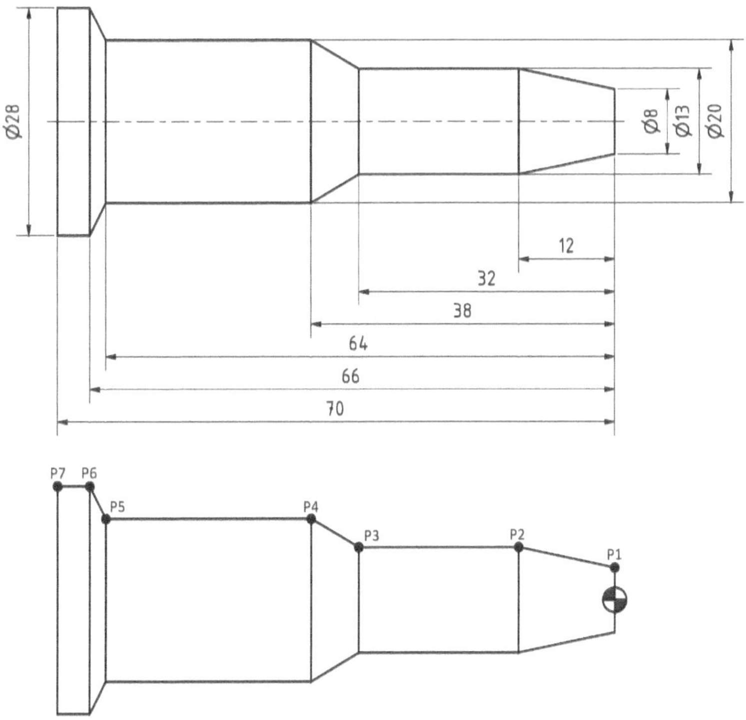

Bild 4.9 Zeichnung der Drehaufgabe 2

Video der Bearbeitungssimulation: Aufgabe_Drehen_02.mp4

Während beim Fräsen mit dem Symbol *S* die Drehzahl angegeben wird, ist diese Angabe beim Drehen in der Regel die Schnittgeschwindigkeit. Alle nichtplanaren Bewegungen (hier *P*1-*P*2, *P*3-*P*4 und *P*5-*P*6) ändern also die Drehzahl, um eine konstante Schnittgeschwindigkeit zu erreichen. Lediglich bei sehr kleinen Durchmessern ist dies nicht mehr möglich, da hier die Grenzdrehzahl (maximale Drehzahl) erreicht wird.

```
N010 G54              ; Nullpunktverschiebung
N020 T1 D1            ; Tool 1 (linker Schlichtstahl)
N030 S200 F0.2 M04    ; Technologiedaten
N040 G00 X-5 Z3       ; in Eilgang auf Startpunkt
N050 G42              ; Radiuskorrektur nach rechts
N060 G01 X-2 Z0       ; in Vorschub unter Drehmitte
N070 G01 X8           ; in Vorschub auf P1
N080 G01 X13 Z-12     ; in Vorschub auf P2
```

```
N090 G01 Z-32          ; in Vorschub auf P3
N100 G01 X20 Z-38      ; in Vorschub auf P4
N110 G01 Z-64          ; in Vorschub auf P5
N120 G01 X28 Z-66      ; in Vorschub auf P6
N130 G01 Z-71          ; in Vorschub hinter P7
N140 G40               ; Abwahl der Radiuskorrektur
N150 G01 X32 Z-73      ; Abfahrt
N160 M30               ; Programmende
```

4.4 Aufgabe 3 (Geraden, Trigonometrie)

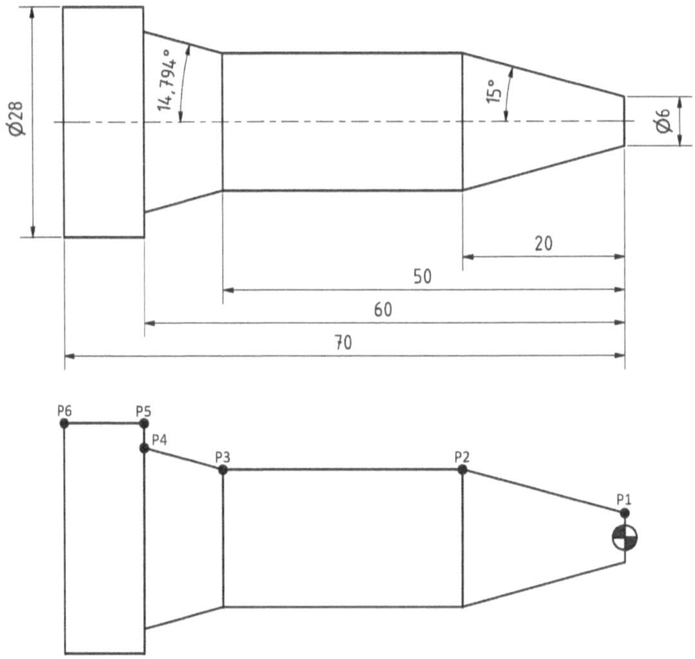

Bild 4.10 Zeichnung der Drehaufgabe 3

Video der Bearbeitungssimulation: Aufgabe_Drehen_03.mp4

```
NN010 G54                 ; Nullpunktverschiebung
N020 T1 D1                ; Tool 1 (linker Schlichtstahl)
N030 S200 F0.2 M04        ; Technologiedaten
N040 G00 X-5 Z3           ; in Eilgang auf Startpunkt
N050 G42                  ; Radiuskorrektur nach rechts
N060 G01 X-2 Z0           ; in Vorschub unter Drehmitte
N070 G01 X6               ; in Vorschub auf P1
N080 G01 X16.718 Z-20     ; in Vorschub auf P2
N090 G01 Z-50             ; in Vorschub auf P3
N100 G01 X22 Z-60         ; in Vorschub auf P4
N110 G01 X28              ; in Vorschub auf P5
N120 G01 Z-71             ; in Vorschub hinter P6
N130 G40                  ; Abwahl der Radiuskorrektur
N140 G01 X32 Z-73         ; Abfahrt
N150 M30                  ; Programmende
```

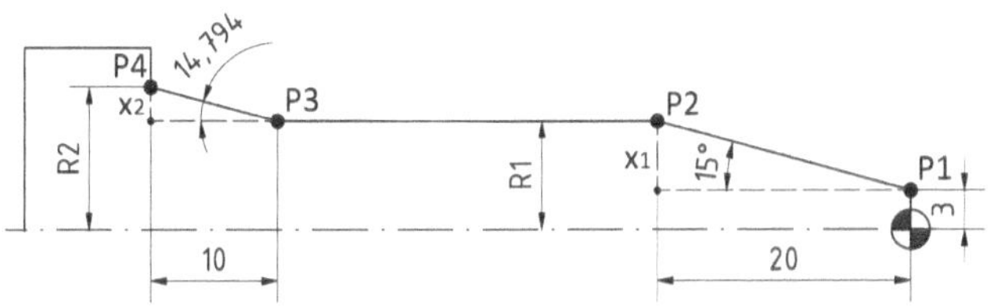

Bild 4.11 Skizze zur Drehaufgabe 3

Für die beiden Schrägen am Bauteil müssen lediglich die Durchmesser ermittelt werden, da die Längen vollständig bemaßt sind. Es ist zu beachten, dass die x-Koordinate beim Drehen den Durchmesser darstellt.

Berechnung: Punkt *P*2 und *P*4

$$\tan(15°) = \frac{x_1}{20} \qquad x_1 = \tan(15°) \cdot 20 = 5{,}359$$

$$R_1 = x_1 + 3 = 8{,}359 \qquad D_1 = R_1 \cdot 2 = 16{,}718$$

$$\tan(14{,}794°) = \frac{x_2}{10} \qquad x_2 = \tan(14{,}794°) \cdot 10 = 2{,}641$$

$$R_2 = x_2 + R_1 = 11 \qquad D_1 = R_1 \cdot 2 = 22$$

4.5 Aufgabe 4 (Geraden, Trigonometrie)

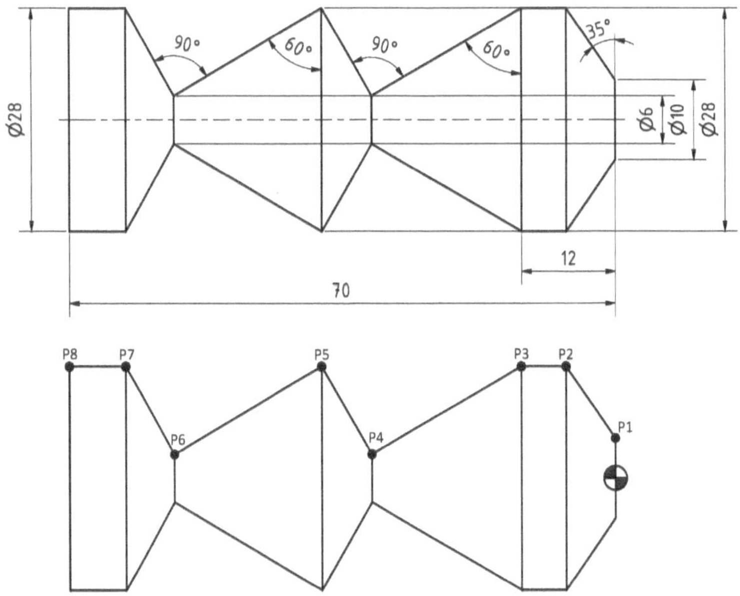

Bild 4.12 Zeichnung der Drehaufgabe 4

Video der Bearbeitungssimulation: Aufgabe_Drehen_04.mp4

```
N010 G54                  ; Nullpunktverschiebung
N020 T1 D1                ; Tool 1 (linker Schlichtstahl)
N030 S200 F0.2 M04        ; Technologiedaten
N040 G00 X-5 Z3           ; in Eilgang auf Startpunkt
N050 G42                  ; Radiuskorrektur nach rechts
N060 G01 X-2 Z0           ; in Vorschub unter Drehmitte
N070 G01 X10              ; in Vorschub auf P1
N080 G01 X28 Z-6.302      ; in Vorschub auf P2
N090 G01 Z-12             ; in Vorschub auf P3
N100 G01 X6 Z-31.053      ; in Vorschub auf P4
N110 G01 X28 Z-37.403     ; in Vorschub auf P5
N120 G01 X6 Z-56.456      ; in Vorschub auf P6
N130 G01 X28 Z-62.807     ; in Vorschub auf P7
N140 G01 Z-71             ; in Vorschub hinter P8
N150 G40                  ; Abwahl der Radiuskorrektur
N160 G01 X32 Z-73         ; Abfahrt
N170 M30                  ; Programmende
```

Alle notwendigen Winkel für die Berechnung der Konturpunkte lassen sich einfach ermitteln. Da der hintere Konturverlauf (*P*5-*P*6-*P*7) eine geometrische Kopie der vorhergehenden Punkte (*P*3-*P*4-*P*6) darstellt, müssen diese nicht ermittelt werden.

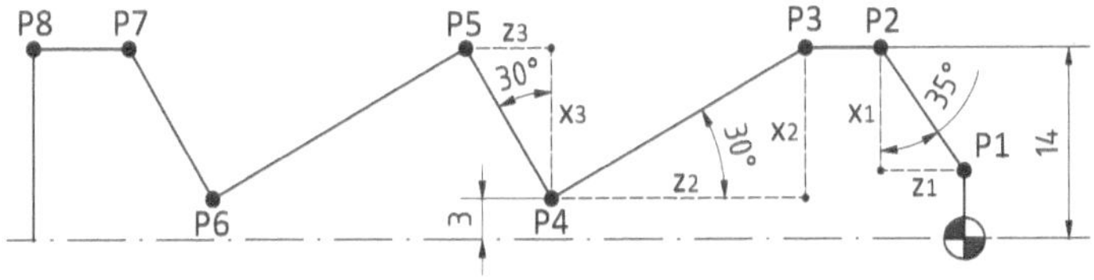

Bild 4.13 Skizze zur Drehaufgabe 4

Berechnung: Punkt *P2*

$$P2_x = 28$$

$$P2_z = -z_1 = -\tan(35°)\cdot(14-5) = -6{,}302$$

Berechnung: Punkt *P4*

$$x_2 = 14 - 3 = 11$$

$$z_2 = \frac{x_2}{\tan(30°)} = 19{,}053$$

$$P4_x = 6$$

$$P4_z = -(12 + z_2) = -31{,}053$$

Berechnung: Punkt *P5*

$$x_3 = x_2 = 11$$

$$z_3 = \tan(30°)\cdot 11 = 6{,}351$$

$$P5_x = 28$$

$$P5_z = P4_z - z_3 = -31{,}053 - 6{,}351 = 37{,}403$$

Die Punkte *P6* und *P7* weisen die gleichen Teilstrecken auf wie die Punkte *P4* und *P5*.

4.6 Aufgabe 5 (Geraden, Trigonometrie)

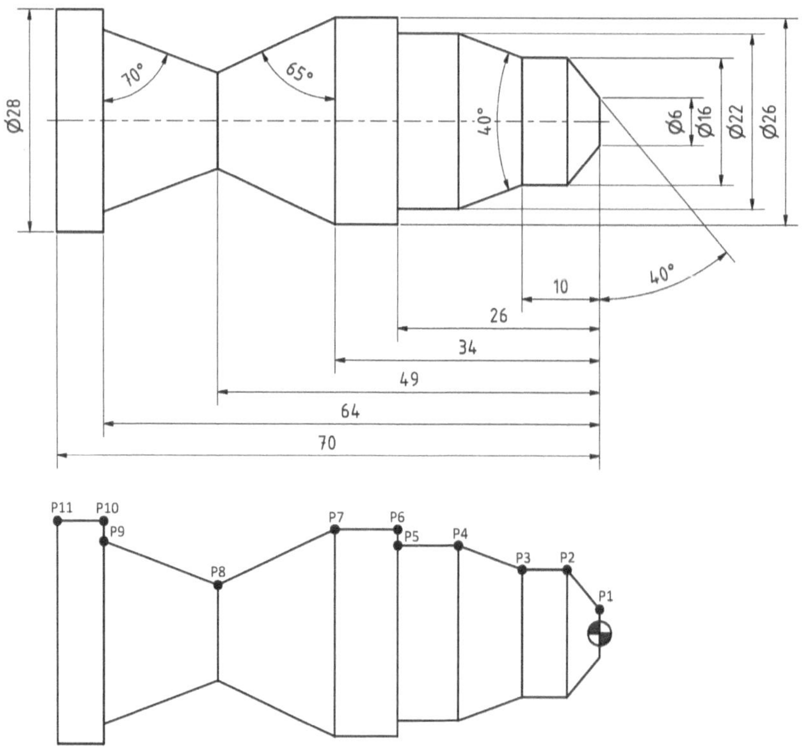

Bild 4.14 Zeichnung der Drehaufgabe 5

Video der Bearbeitungssimulation: Aufgabe_Drehen_05.mp4

```
N010 G54                 ; Nullpunktverschiebung
N020 T1 D1               ; Tool 1 (linker Schlichtstahl)
N030 S200 F0.2 M04       ; Technologiedaten
N040 G00 X-5 Z3          ; in Eilgang auf Startpunkt
N050 G42                 ; Radiuskorrektur nach rechts
N060 G01 X-2 Z0          ; in Vorschub unter Drehmitte
N070 G01 X6              ; in Vorschub auf P1
N080 G01 X10 Z-4.195     ; in Vorschub auf P2
N090 G01 Z-10            ; in Vorschub auf P3
N100 G01 X22 Z-18.242    ; in Vorschub auf P4
N110 G01 Z-26            ; in Vorschub auf P5
N120 G01 X26             ; in Vorschub auf P6
N130 G01 Z-34            ; in Vorschub auf P7
N140 G01 X12.011 Z-49    ; in Vorschub auf P8
N150 G01 X22.930 Z-63    ; in Vorschub auf P9
N160 G01 X28             ; in Vorschub auf P10
N170 G01 Z-71            ; in Vorschub hinter P11
```

```
N180 G40                ; Abwahl der Radiuskorrektur
N190 G01 X32 Z-73       ; Abfahrt
N200 M30                ; Programmende
```

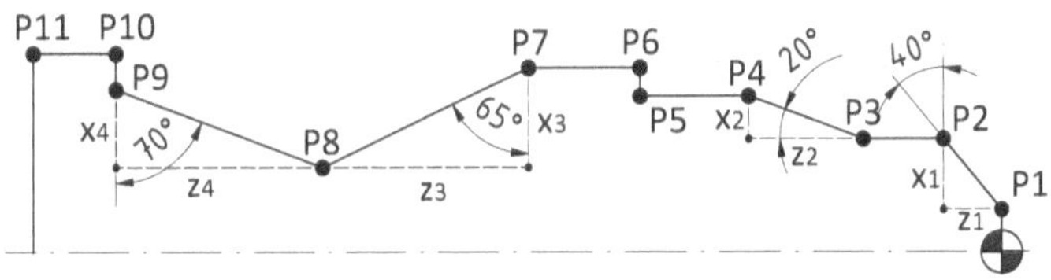

Bild 4.15 Skizze zur Drehaufgabe 5

Da ein großer Teil der Konturpunkte eindeutig bemaßt ist, müssen lediglich die Punkte *P*2, *P*4, *P*8 und *P*9 errechnet werden. Obwohl auch diese Beispielaufgaben eine Bemaßung aufweisen, die zu einer klaren mathematischen Problemstellung führen soll, ist die direkte Winkelangabe dennoch üblich. An analogen Drehbänken können diese Winkel eingestellt werden und ermöglichen damit eine einfache Bearbeitung.

Berechnung: Punkt *P2*

$$x_1 = \frac{16-6}{2} = 5$$

$$P2_x = 16$$

$$z_1 = \tan(40°) \cdot x_1 = 4{,}195$$

$$P2_z = -z_1 = -4{,}195$$

Berechnung: Punkt *P4*

$$x_2 = \frac{22-16}{2} = 3$$

$$P4_x = 22$$

$$z_2 = \frac{x_2}{\tan(20°)} = 8{,}242$$

$$P4_z = -(10 + z_1) = -18{,}242$$

Berechnung: Punkt *P8*

$$z_3 = 49 - 34 = 15$$

$$P8_z = -49$$

$$x_3 = \frac{z_3}{\tan(65°)} = 6{,}995$$

$$P8_x = 26 - 2 \cdot x_3 = 12{,}011$$

Berechnung: Punkt *P9*

$$z_4 = 64 - 49 = 15$$

$$P9_z = -64$$

$$x_4 = \frac{z_4}{\tan(70°)} = 5{,}46$$

$$P9_x = P8_x + 2 \cdot x_4 = 22{,}930$$

4.7 Aufgabe 6 (Geraden, Trigonometrie)

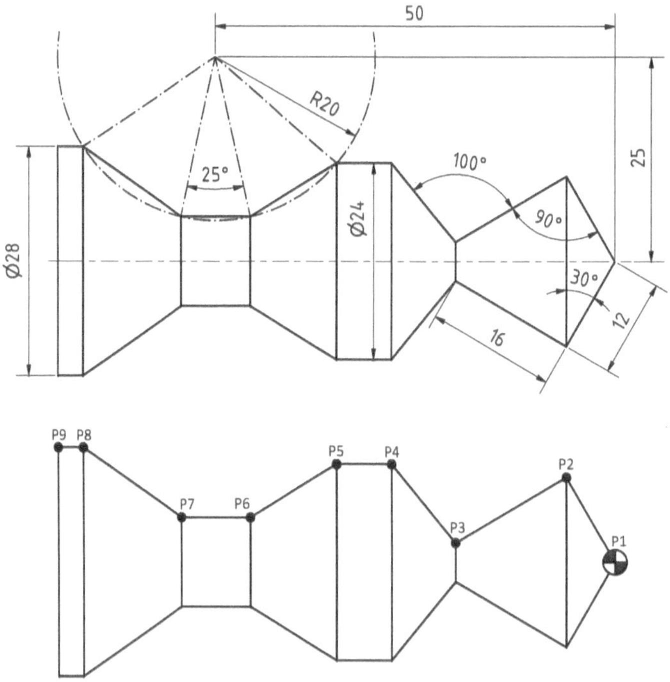

Bild 4.16 Zeichnung der Drehaufgabe 6

Video der Bearbeitungssimulation: Aufgabe_Drehen_06.mp4

```
N010 G54                    ; Nullpunktverschiebung
N020 T1 D1                  ; Tool 1 (linker Schlichtstahl)
N030 S200 F0.2 M04          ; Technologiedaten
N040 G00 X-5 Z3             ; in Eilgang auf Startpunkt
N050 G42                    ; Radiuskorrektur nach rechts
N060 G01 X-2 Z0             ; in Vorschub unter Drehmitte
N070 G01 X0                 ; in Vorschub auf P1
N080 G01 X20.785 Z-6        ; in Vorschub auf P2
N090 G01 X4.785 Z-19.856    ; in Vorschub auf P3
N100 G01 X24 Z-27.918       ; in Vorschub auf P4
N110 G01 Z-34.801           ; in Vorschub auf P5
N120 G01 X10.948 Z-45.671   ; in Vorschub auf P6
N130 G01 Z-54.329           ; in Vorschub auf P7
N140 G01 X28 Z-66.703       ; in Vorschub auf P8
N170 G01 Z-71               ; in Vorschub hinter P9
N180 G40                    ; Abwahl der Radiuskorrektur
N190 G01 X32 Z-73           ; Abfahrt
N200 M30                    ; Programmende
```

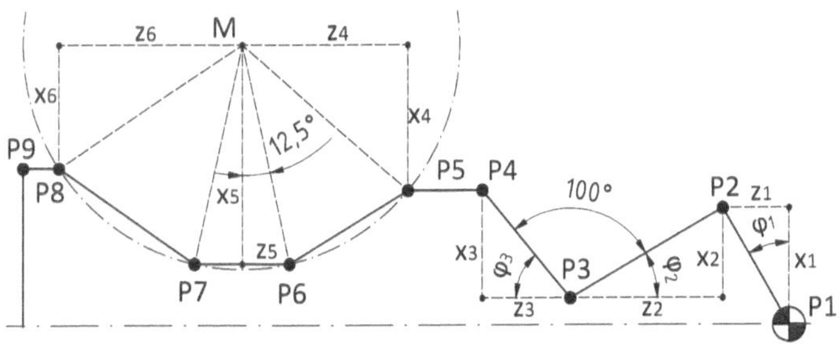

Bild 4.17 Skizze zur Drehaufgabe 6

Da $P1$-$P2$ und $P2$-$P3$ lotrecht aufeinander stehen, ist $\varphi_2 = \varphi_1$ und $\varphi_1 = 30°$. Für φ_3 gilt $\varphi_3 = 180° - 100° - \varphi_2$.

Berechnung: Punkt *P2*

$$\cos(\varphi_1) = \frac{x_1}{12} \qquad x_1 = \cos(30°) \cdot 12 = 10{,}392$$

$$P2_x = x_1 \cdot 2 = 20{,}785$$

$$\sin(\varphi_1) = \frac{z_1}{12} \qquad z_1 = \sin(30°) \cdot 12 = 6$$

$$P2_z = -z_1 = -6$$

Berechnung: Punkt *P3*

$$\sin(\varphi_2) = \frac{x_2}{16} \qquad x_2 = \sin(30°) \cdot 16 = 8$$

$$P3_x = P2_x - x_2 \cdot 2 = 4{,}785$$

$$\cos(\varphi_2) = \frac{z_2}{16} \qquad z_2 = \cos(30°) \cdot 16 = 13{,}856$$

$$P3_z = -z_1 - z_2 = -19{,}856$$

Berechnung: Punkt *P4*

$$x_3 = \frac{24 - P3_x}{2} \qquad x_3 = \frac{24 - 4{,}785}{2} = 9{,}608$$

$$P4_x = 24$$

$$\tan(\varphi_3) = \frac{x_3}{z_3} \qquad z_3 = \frac{9{,}608}{\tan(100° - 80° - 30°)} = 8{,}062$$

$$P4_z = -z_1 - z_2 - z_3 = -27{,}918$$

Berechnung: Punkt *P5*

$$x_4 = 25 - \frac{24}{2} = 13$$

$$P5_x = 24$$

$$z_4 = \sqrt{20^2 - x_4^{\,2}} = 15{,}199$$

$$P5_z = M_z + z_4 = -50 + 15{,}199 = -34{,}801$$

Berechnung: Punkt *P6* und *P7*

$$\cos(12{,}5°) = \frac{x_5}{20} \qquad x_5 = \cos(12{,}5°) \cdot 20 = 19{,}526$$

$$P6_x = M_x - 2 \cdot x_5 = 50 - 2 \cdot 19{,}526 = 10{,}948$$

$$\sin(12{,}5°) = \frac{z_5}{20} \qquad z_5 = \sin(12{,}5°) \cdot 20 = 4{,}329$$

$$P6_z = M_z + z_5 = -50 + 4{,}329 = -45{,}671$$

$$P7_x = P6_x = 10{,}948$$

$$P7_z = M_z - z_5 = -50 - 4{,}329 = -54{,}329$$

Berechnung: Punkt *P8*

$$x_6 = 25 - \frac{28}{2} = 11$$

$$P8_x = 28$$

$$z_6 = \sqrt{20^2 - x_6^{\ 2}} = 16{,}703$$

$$P8_z = M_z - z_6 = -50 - 16{,}703 = -66{,}703$$

4.8 Aufgabe 7 (Geraden, Viertelkreise)

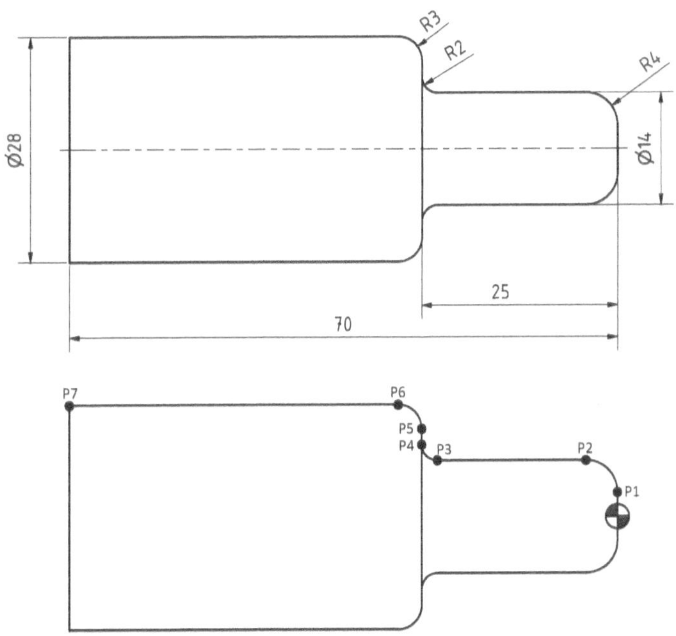

Bild 4.18 Zeichnung der Drehaufgabe 7

Video der Bearbeitungssimulation: Aufgabe_Drehen_07.mp4

```
N010 G54                ; Nullpunktverschiebung
N020 T1 D1              ; Tool 1 (linker Schlichtstahl)
N030 S200 F0.2 M04      ; Technologiedaten
N040 G00 X-5 Z3         ; in Eilgang auf Startpunkt
N050 G42                ; Radiuskorrektur nach rechts
N060 G01 X-2 Z0         ; in Vorschub unter Drehmitte
N070 G01 X6             ; in Vorschub auf P1
N080 G03 X14 Z-4 I0 K-4 ; in Vorschub auf P2
N090 G01 Z-23           ; in Vorschub auf P3
N100 G02 X18 Z-25 I2 K0 ; in Vorschub auf P4
N110 G01 X22            ; in Vorschub auf P5
N120 G03 X28 Z-28 I0 K-3 ; in Vorschub auf P6
N130 G01 Z-71           ; in Vorschub hinter P7
N140 G40                ; Abwahl der Radiuskorrektur
N150 G01 X32 Z-73       ; Abfahrt
N160 M30                ; Programmende
```

Die Programmierung von Kreisbögen führt häufig zu Fehlern, da der Zielpunkt des Bogenzyklus (x) als Durchmesser angegeben werden muss, die Relativkoordinate I aber kartesisch ist.

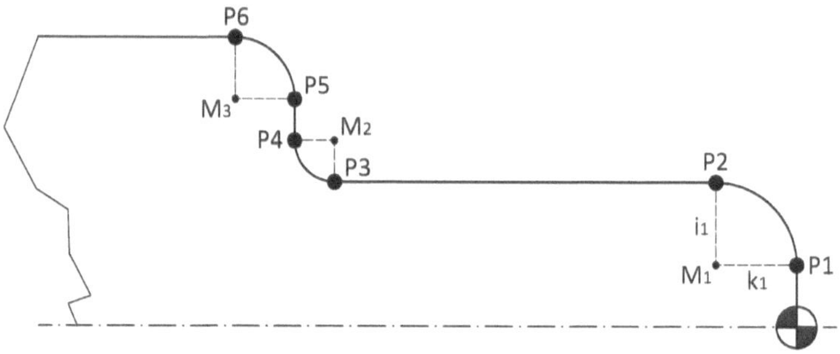

Bild 4.19 Skizze zur Drehaufgabe 7

Beispiel: Kreisbogen von *P*1 nach *P*2 (G03)

$$I = \frac{M1_x - P1_x}{2} = \frac{6-6}{2} = 0$$

$$K = M1_z - P1_z = -4 - 0 = -4$$

4.9 Aufgabe 8 (Geraden, Kreisbögen)

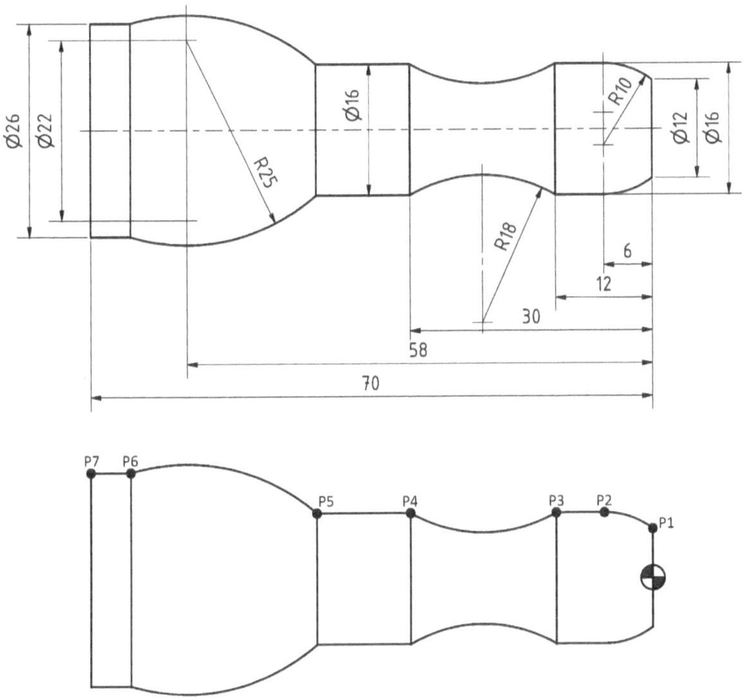

Bild 4.20 Zeichnung der Drehaufgabe 8

Video der Bearbeitungssimulation: Aufgabe_Drehen_08.mp4

```
N010 G54                         ; Nullpunktverschiebung
N020 T1 D1                       ; Tool 1 (linker Schlichtstahl)
N030 S200 F0.2 M04               ; Technologiedaten
N040 G00 X-5 Z3                  ; in Eilgang auf Startpunkt
N050 G42                         ; Radiuskorrektur nach rechts
N060 G01 X-2 Z0                  ; in Vorschub unter Drehmitte
N070 G01 X12                     ; in Vorschub auf P1
N080 G03 X16 Z-6 I-8 K-6         ; in Vorschub auf P2
N090 G01 Z-12                    ; in Vorschub auf P3
N100 G02 X16 Z-30 I15.588 K-9    ; in Vorschub auf P4
N110 G01 Z-41.752                ; in Vorschub auf P5
N120 G03 X26 Z-65 I-19 K-16.248  ; in Vorschub auf P6
N130 G01 Z-71                    ; in Vorschub hinter P7
N140 G40                         ; Abwahl der Radiuskorrektur
N150 G01 X30 Z-73                ; Abfahrt
N160 M30                         ; Programmende
```

In diesem Beispiel sind keine Viertel- oder Halbkreise vorhanden, und daher müssen beide Relativkoordinaten (*I* und *K*) berechnet werden. Dies ist in allen Fällen durch den Satz des Pythagoras möglich, da eine Seite des Skizzendreiecks immer bekannt ist.

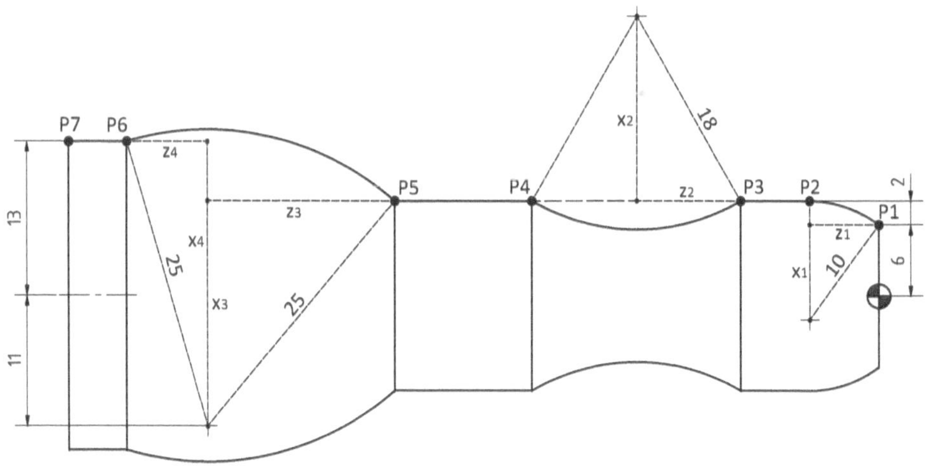

Bild 4.21 Skizze zur Drehaufgabe 8

Berechnung: Kreisbogen *P*1–*P*2

$$P1 = \begin{pmatrix} 12 \\ 0 \end{pmatrix}$$

$$z_1 = 6$$

$$K = -z_1 = -6$$

$$P2 = \begin{pmatrix} 16 \\ -6 \end{pmatrix}$$

$$x_1 = \sqrt{10^2 - z_1^{\,2}} = \sqrt{10^2 - 6^2} = 8$$

$$I = -x_1 = -8$$

Berechnung: Kreisbogen *P3*–*P4*

$$P3 = \begin{pmatrix} 16 \\ -12 \end{pmatrix}$$

$$z_2 = \frac{30-12}{2} = 9$$

$$K = -z_2 = -9$$

$$P4 = \begin{pmatrix} 16 \\ -30 \end{pmatrix}$$

$$x_2 = \sqrt{18^2 - z_2{}^2} = \sqrt{18^2 - 9^2} = 15{,}588$$

$$I = x_2 = 15{,}588$$

Berechnung: Kreisbogen *P5*–*P6*

$$P5_x = 16$$

$$x_3 = \frac{16}{2} + 11 = 19$$

$$I = -x_3 = -19$$

$$z_3 = \sqrt{25^2 - x_3{}^2} = \sqrt{25^2 - 19^2} = 16{,}248$$

$$K = -z_3 = -16{,}248$$

$$P5_z = -58 + z_3 = -41{,}752$$

$$P6_x = 26$$

$$x_4 = \frac{26}{2} + 11 = 24$$

$$z_4 = \sqrt{25^2 - x_4{}^2} = \sqrt{25^2 - 24^2} = 7$$

$$P6_z = -58 - z_4 = -65$$

4.10 Aufgabe 9 (Geraden, Kreisbögen)

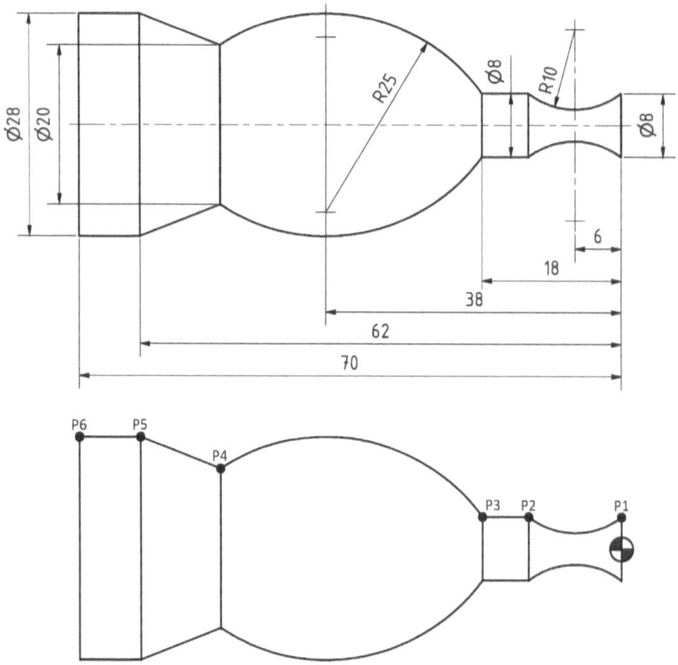

Bild 4.22 Zeichnung der Drehaufgabe 9

Video der Bearbeitungssimulation: Aufgabe_Drehen_09.mp4

```
N010 G54                            ; Nullpunktverschiebung
N020 T1 D1                          ; Tool 1 (linker Schlichtstahl)
N030 S200 F0.2 M04                  ; Technologiedaten
N040 G00 X-5 Z3                     ; in Eilgang auf Startpunkt
N050 G42                            ; Radiuskorrektur nach rechts
N060 G01 X-2 Z0                     ; in Vorschub unter Drehmitte
N070 G01 X8                         ; in Vorschub auf P1
N080 G02 X8 Z-12 I8 K-6             ; in Vorschub auf P2
N090 G01 Z-18                       ; in Vorschub auf P3
N100 G03 X20 Z-51.565 I-15 K-20     ; in Vorschub auf P4
N110 G01 X28 Z-62                   ; in Vorschub auf P5
N120 G01 Z-71                       ; in Vorschub hinter P6
N130 G40                            ; Abwahl der Radiuskorrektur
N140 G01 X30 Z-73                   ; Abfahrt
N150 M30                            ; Programmende
```

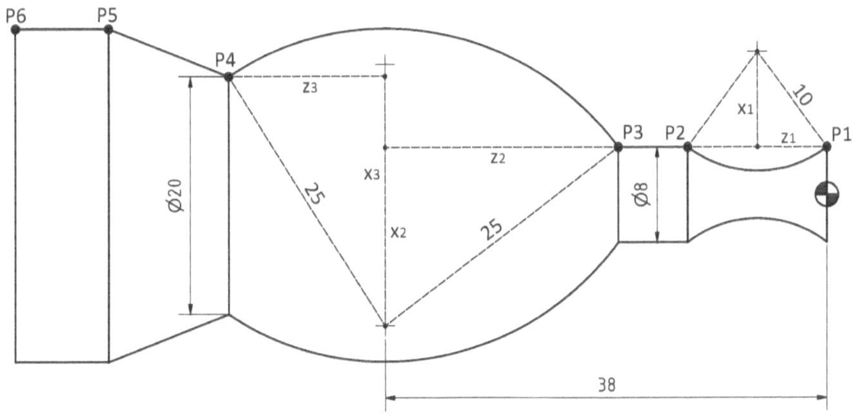

Bild 4.23 Skizze 1 zur Drehaufgabe 9

Berechnung: Kreisbogen *P*1–*P*2

$$P1 = \begin{pmatrix} 8 \\ 0 \end{pmatrix}$$

$$z_1 = 6$$
$$K = -z_1 = -6$$

$$P2 = \begin{pmatrix} 8 \\ -12 \end{pmatrix}$$

$$x_1 = \sqrt{10^2 - z_1^{\,2}} = \sqrt{10^2 - 6^2} = 8$$
$$I = x_1 = 8$$

Berechnung: Kreisbogen *P*3–*P*4

$$P3_z = -18$$

$$z_2 = 38 - |P3_z| = 38 - 18 = 20$$
$$K = -z_2 = -20$$
$$P3_x = 8$$

$$x_2 = \sqrt{25^2 - z_2^{\,2}} = \sqrt{25^2 - 20^2} = 15$$
$$I = -x_2 = -15$$
$$P4_x = 20$$

$$x_3 = \frac{P4_x - P3_x}{2} + x_2 = \frac{20 - 8}{2} + 15 = 21$$

$$z_3 = \sqrt{25^2 - {x_3}^2} = \sqrt{25^2 - 21^2} = 13{,}565$$

$$P4_z = -38 - z_3 = -51{,}565$$

Prüfen des notwendigen Eintauchwinkels

Das verwendete Werkzeug hat einen Nebenschneidenwinkel φ_{NS} von ca. 30°. Damit die Kontur fehlerfrei bearbeitet werden kann, müssen an allen Eintauchpunkten (hier $P1$ und $P4$) die Steigungen bzw. Tangenten ≤ φ_{NS} sein.

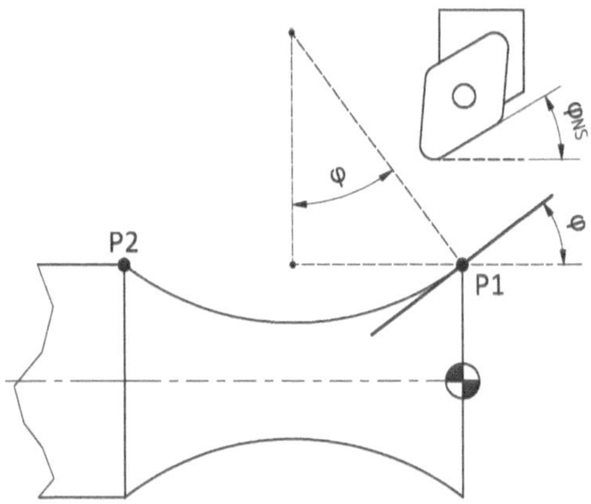

Bild 4.24
Skizze 2 zur Drehaufgabe 9

Steigung am Punkt *P*1

$$\tan(\varphi) = \frac{z_1}{x_1}$$

$$\varphi = \arctan\left(\frac{6}{8}\right) = 36{,}87°$$

Steigung am Punkt *P*4

$$\tan(\varphi) = \frac{z_3}{x_3}$$

$$\varphi = \arctan\left(\frac{13{,}565}{21}\right) = 32{,}86°$$

Beide Konturpunkte können mit dem gewählten Werkzeug nicht fehlerfrei bearbeitet werden.

■ 4.11 Aufgabe 10 (Geraden, Tangentialbögen)

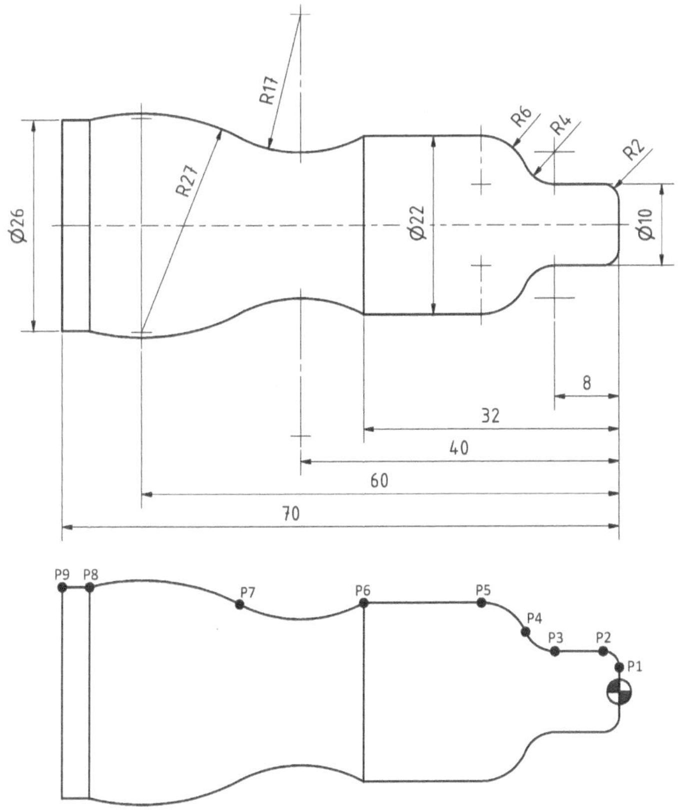

Bild 4.25 Zeichnung der Drehaufgabe 10

Video der Bearbeitungssimulation: Aufgabe_Drehen_10.mp4

```
N010 G54                                ; Nullpunktverschiebung
N020 T1 D1                              ; Tool 1 (linker Schlichtstahl)
N030 S200 F0.2 M04                      ; Technologiedaten
N040 G00 X-5 Z3                         ; in Eilgang auf Startpunkt
N050 G42                                ; Radiuskorrektur nach rechts
N060 G01 X-2 Z0                         ; in Vorschub unter Drehmitte
N070 G01 X6                             ; in Vorschub auf P1
N080 G03 X10 Z-2 I0 K-2                 ; in Vorschub auf P2
N090 G01 Z-8                            ; in Vorschub auf P3
N100 G02 X14.8 Z-11.666 I4 K0           ; in Vorschub auf P4
N110 G03 X22 Z-17.165 I-2.4 K-5.499     ; in Vorschub auf P5
```

```
N120 G01 Z-32                              ; in Vorschub auf P6
N130 G02 X21.715 Z-47.727 I15 K-8          ; in Vorschub auf P7
N140 G03 X26 Z-66.557 I-24.050 K-12.273    ; in Vorschub auf P8
N150 G01 Z-71                              ; in Vorschub hinter P9
N160 G40                                   ; Abwahl der Radiuskorrektur
N170 G01 X30 Z-73                          ; Abfahrt
N180 M30                                   ; Programmende
```

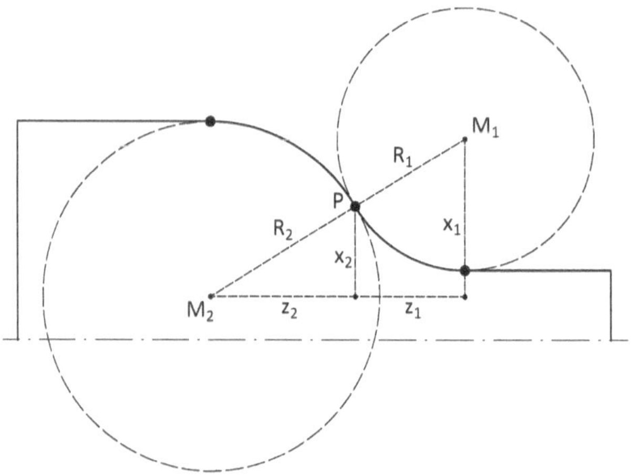

Bild 4.26 Skizze 1 zur Drehaufgabe 10

Berechnung von Übergangspunkten

Übergangspunkte (*P*) sind Konturpunkte gleicher Steigung. Wenn sich zwei Kreise tangieren, sind die Radien (hier R_1 und R_2) kollinear, da diese senkrecht auf den Tangenten stehen.

Damit lässt sich als Berechnungsansatz in der Regel ein rechtwinkliges Dreieck konstruieren, bei dem die Hypotenuse der Summe der beiden Kreisradien entspricht und eine weitere Seite bekannt ist. Die Koordinaten des Übergangspunktes können nun über trigonometrische Funktionen oder den Dreisatz ermittelt werden.

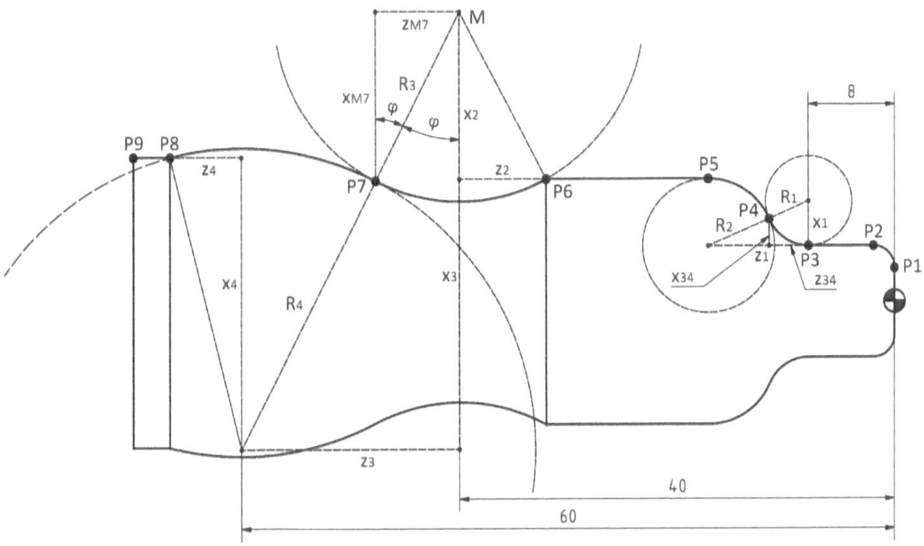

Bild 4.27 Skizze 2 zur Drehaufgabe 10

Berechnung: Übergangspunkt *P4* mit dem Strahlensatz

$$x_1 = \frac{22-10}{2} + 4 - 6 = 4$$

$$z_1 = \sqrt{(R_1 + R_2)^2 - x_1^2} = \sqrt{10^2 - 4^2} = 9{,}165$$

$$\frac{R_1 + R_2}{x_1} = \frac{R_2}{x_{34}}$$

$$x_{34} = \frac{R_2 \cdot x_1}{R_1 + R_2} = \frac{6 \cdot 4}{4+6} = 2{,}4$$

$$P4_x = P3_x + 2 \cdot x_{34} = 14{,}8$$

$$\frac{R_1 + R_2}{z_1} = \frac{R_1}{z_{34}}$$

$$z_{34} = \frac{R_1 \cdot z_1}{R_1 + R_2} = \frac{4 \cdot 9{,}165}{4+6} = 3{,}666$$

$$P4_z = P3_z - z_{34} = -11.666$$

Berechnung: Übergangspunkt *P7* mit Trigonometrie

$$z_2 = 40 - 32 = 8$$

$$x_2 = \sqrt{17^2 - z_2{}^2} = \sqrt{17^2 - 8^2} = 15$$

$$M_x = 22 + 2 \cdot x_2 = 22 + 2 \cdot 15 = 52$$

$$M_z = -40$$

$$z_3 = 60 - 40 = 20$$

$$\sin(\varphi) = \frac{z_3}{R_3 + R_4}$$

$$\varphi = \arcsin\left(\frac{20}{17 + 27}\right) = 27{,}036°$$

$$x_{M7} = \cos(\varphi) \cdot R_3 = \cos(27{,}036) \cdot 17 = 15{,}142$$

$$P7_x = M_x - 2 \cdot x_{M7} = 52 - 2 \cdot 15{,}142 = 21{,}715$$

$$z_{M7} = \sin(\varphi) \cdot R_3 = \sin(27{,}036) \cdot 17 = 7{,}727$$

$$P7_z = M_z - z_{M7} = -40 - 7{,}727 = -47{,}727$$

Berechnung: Punkt *P8*

$$x_3 = \cos(\varphi) \cdot (R_3 + R_4) = 39{,}192$$

$$x_4 = \left|\frac{M_x}{2} - x_3\right| + \frac{P8_x}{2} = 13{,}192 + 13 = 26{,}192$$

$$z_4 = \sqrt{27^2 - x_4{}^2} = 6{,}557$$

$$P8_z = -60 - z_4 = -66{,}557$$

4.12 Aufgabe 11 (Tangentialbögen, Trigonometrie)

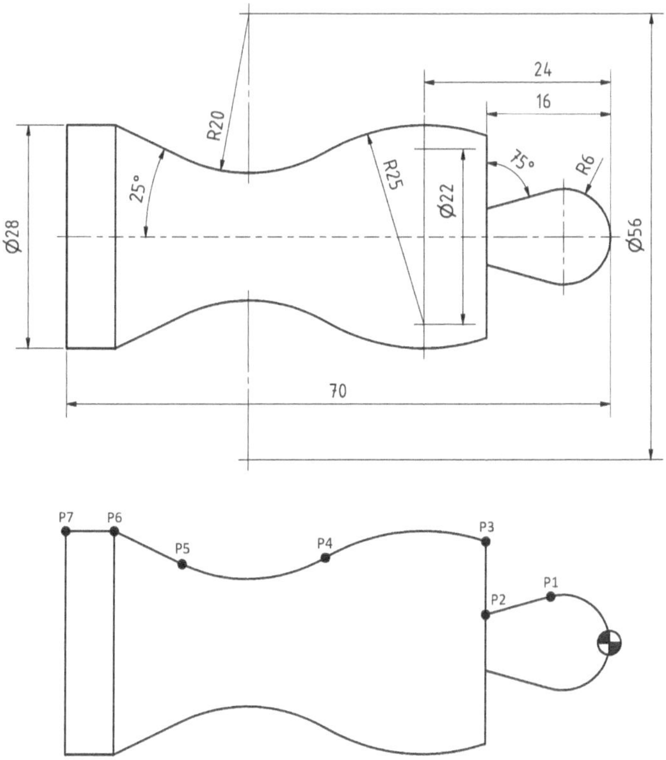

Bild 4.28 Zeichnung der Drehaufgabe 11

Video der Bearbeitungssimulation: Aufgabe_Drehen_11.mp4

```
N010 G54                                  ; Nullpunktverschiebung
N020 T1 D1                                ; Tool 1 (linker Schlichtstahl)
N030 S200 F0.2 M04                        ; Technologiedaten
N040 G00 X-5 Z3                           ; in Eilgang auf Startpunkt
N050 G42                                  ; Radiuskorrektur nach rechts
N060 G01 X-2 Z0                           ; in Vorschub unter Drehmitte
N070 G01 X0                               ; in Vorschub auf Nullpunkt
N080 G03 X11.591 Z-7.553 I0 K-6           ; in Vorschub auf P1
N090 G01 X7.064 Z-16                      ; in Vorschub auf P2
N100 G01 X25.371                          ; in Vorschub auf P3
N110 G03 X21.333 Z-36.472 I-23.685 K-8    ; in Vorschub auf P4
N120 G02 X19.748 Z-54.902 I17.333 K-9.978 ; in Vorschub auf P5
N130 G01 X28 Z-63.751                     ; in Vorschub auf P6
N140 G01 Z-71                             ; in Vorschub hinter P7
```

```
N150 G40                              ; Abwahl der Radiuskorrektur
N160 G01 X30 Z-73                     ; Abfahrt
N170 M30                              ; Programmende
```

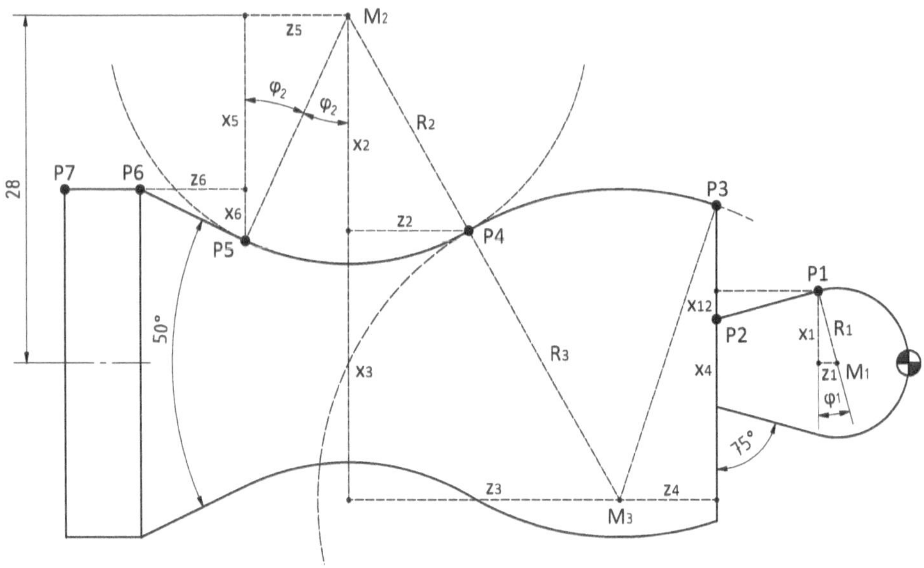

Bild 4.29 Skizze zur Drehaufgabe 11

Berechnung: Punkt *P*1

$$\varphi_1 = 90° - 75° = 15°$$

$$\cos(\varphi_1) = \frac{x_1}{R_1}$$

$$x_1 = \cos(15°) \cdot 6 = 5{,}795$$

$$P1_x = x_1 \cdot 2 = 11{,}591$$

$$\sin(\varphi_1) = \frac{z_1}{R_1}$$

$$z_1 = \sin(15°) \cdot 6 = 1{,}553$$

$$P1_z = M1_Z - z_1 = -6 - 1{,}553 = -7{,}553$$

Berechnung: Punkt *P*2

$$\tan(75°) = \frac{|P2_z| - |P1_z|}{x_{12}}$$

$$x_{12} = \frac{16-7,553}{\tan(75°)} = 2,263$$

$$P2_x = P1_x - 2 \cdot x_{12} = 7,064$$

Berechnung: Punkt *P*3

$$z_4 = 24 - 16 = 8$$

$$x_4 = \sqrt{25^2 - 8^2} = 23,685$$

$$P3_x = \left(x_4 - \frac{22}{2} \right) \cdot 2 = 25,371$$

Berechnung: Punkt *P*4

$$x_2 + x_3 = \frac{56}{2} + \frac{22}{2} = 39$$

$$z_3 = \sqrt{(R_2 + R_3)^2 - (x_2 + x_3)^2} = \sqrt{45^2 - 39^2} = 22,45$$

$$M2_Z = -16 - z_4 - z_3 = -46,45$$

$$\frac{R_2 + R_3}{x_2 + x_3} = \frac{R_2}{x_2}$$

$$x_2 = \frac{R_2 \cdot (x_2 + x_3)}{R_2 + R_3}$$

$$x_2 = \frac{20 \cdot 39}{45} = 17,333$$

$$\frac{R_2 + R_3}{z_3} = \frac{R_2}{z_2}$$

$$z_2 = \frac{R_2 \cdot z_3}{R_2 + R_3} \qquad z_2 = \frac{20 \cdot 22,45}{45} = 9,978$$

$$P4_x = M2_x - 2 \cdot x_2 = 56 - 2 \cdot 17,333 = 21,333$$

$$P4_z = M2_z + z_2 = -46,45 + 9,978 = -36,472$$

Berechnung: Punkt *P*5

$$\varphi_2 = \frac{50°}{2} = 25°$$

$$x_5 = \cos(\varphi_2) \cdot R_2 = 18{,}126$$
$$P5_x = M2_x - 2 \cdot x_5 = 56 - 2 \cdot 18{,}126 = 19{,}748$$

$$z_5 = \sin(\varphi_2) \cdot R_2 = 8{,}452$$
$$P5_z = M2_z - z_5 = -46{,}45 - 8{,}452 = -54{,}902$$

Berechnung: Punkt *P6*

$$x_6 = \frac{P6_x - P5_x}{2} = \frac{28 - 19{,}748}{2} = 4{,}126$$

$$P6_x = 28$$

$$z_6 = \frac{x_6}{\tan(\varphi_2)} = \frac{4{,}126}{\tan(25°)} = 8{,}848$$

$$P6_z = P5_z - z_6 = -54{,}902 - 8{,}848 = -63{,}751$$

■ 4.13 Aufgabe 12 (Kreisbögen, Tangenten)

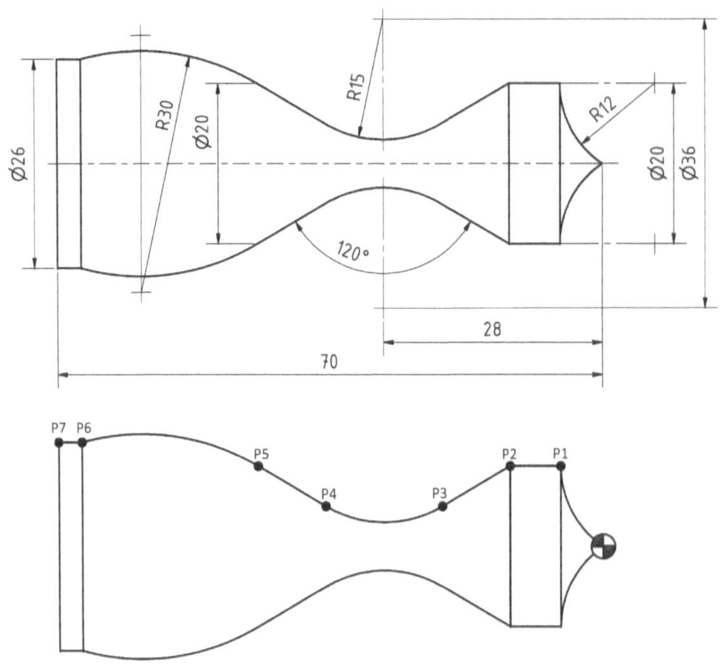

Bild 4.30 Zeichnung der Drehaufgabe 12

Video der Bearbeitungssimulation: Aufgabe_Drehen_12.mp4

```
N010 G54                              ; Nullpunktverschiebung
N020 T1 D1                            ; Tool 1 (linker Schlichtstahl)
N030 S200 F0.2 M04                    ; Technologiedaten
N040 G00 X-5 Z3                       ; in Eilgang auf Startpunkt
N050 G42                              ; Radiuskorrektur nach rechts
N060 G01 X-2 Z0                       ; in Vorschub unter Drehmitte
N070 G01 X0                           ; in Vorschub auf Nullpunkt
N080 G02 X20 Z-5.367 I10 K6.633       ; in Vorschub auf P1
N090 G01 Z-11.856                     ; in Vorschub auf P2
N100 G01 X10.019 Z-20.5               ; in Vorschub auf P3
N110 G02 X10.019 Z-35.5 I12.99 K-7.5  ; in Vorschub auf P4
N120 G01 X20 Z-44.144                 ; in Vorschub auf P5
N130 G03 X26 Z-66.897 I-25.981 K-15   ; in Vorschub auf P6
N140 G01 Z-71                         ; in Vorschub hinter P7
N150 G40                              ; Abwahl der Radiuskorrektur
N160 G01 X30 Z-73                     ; Abfahrt
N170 M30                              ; Programmende
```

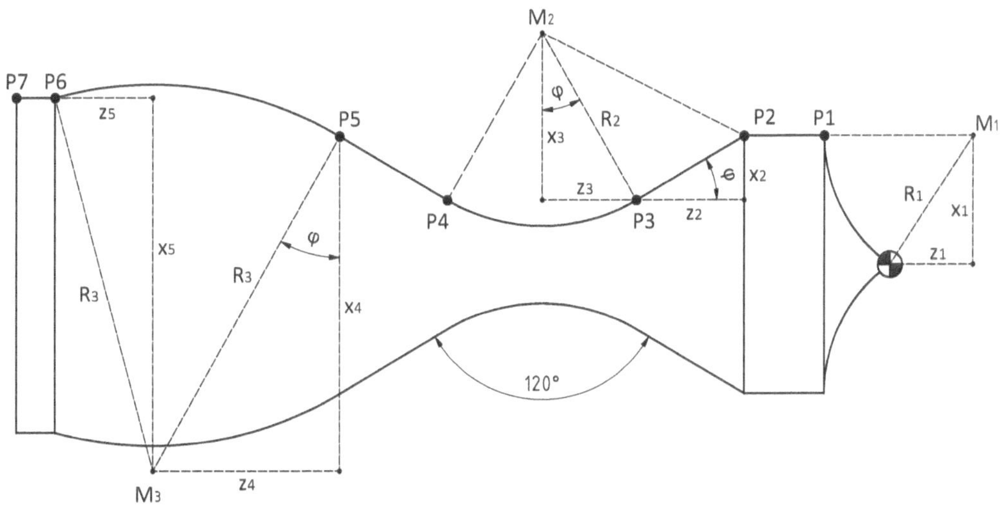

Bild 4.31 Skizze zur Drehaufgabe 12

Die Bemaßung kann dazu führen, dass die Konturpunkte nicht in ihrer Reihenfolge errechnet werden können. Der Punkt *P*2 ergibt sich aus der Tangente *P*2-*P*3 und kann erst ermittelt werden, nachdem der Punkt *P*3 bestimmt wurde.

Berechnung: Punkt *P*1

$$x_1 = \frac{20}{2} = 10$$

$$P1_x = 20$$

$$z_1 = \sqrt{R_1^{\ 2} - x_1^{\ 2}} = \sqrt{12^2 - 10^2} = 6{,}633$$

$$P1_z = z_1 - 12 = -5{,}367$$

Berechnung: Punkt *P*3

$$\varphi = 90° - \frac{120°}{2} = 30°$$

$$\cos(\varphi) = \frac{x_3}{R_2}$$

$$x_3 = \cos(30°) \cdot 15 = 12{,}99$$
$$P3_x = M2_x - 2 \cdot x_3 = 36 - 2 \cdot 12{,}99 = 10{,}019$$

$$\sin(\varphi) = \frac{z_3}{R_2}$$

$$z_3 = \sin(30°) \cdot 15 = 7{,}5$$
$$P3_z = M2_z + z_3 = -28 + 7{,}5 = -20{,}5$$

Berechnung: Punkt *P*2

$$x_2 = \frac{P2_x - P3_x}{2}$$

$$x_2 = \frac{20 - 10{,}019}{2} = 4{,}99$$

$$P2_x = 20$$

$$\tan(\varphi) = \frac{x_2}{z_2}$$

$$z_2 = \frac{x_2}{\tan(\varphi)} = 8{,}644$$

$$P2_z = P3_z + z_2 = -20{,}5 + 8{,}644 = -11{,}856$$

Berechnung: Punkt *P4*

$$P4_x = P3_x = 10{,}019$$
$$P4_z = M2_z - z_3 = -28 - 7{,}5 = -35{,}5$$

Berechnung: Punkt *P5*

$$P5_x = P2_x = 20$$
$$P5_z = M2_z - z_3 - z_2 = -28 - 7{,}5 - 8{,}644 = -44{,}144$$

Berechnung: Punkt *P6*

$$x_4 = \cos(\varphi) \cdot R_3$$

$$M3_x = 2 \cdot x_4 - P5_x$$
$$M3_x = 2 \cdot \cos(30°) \cdot 30 - 20 = 31{,}962$$

$$z_4 = \sin(\varphi) \cdot R_3$$

$$M3_z = P5_z - z_4$$

$$M3_z = -44{,}144 - \sin(30°) \cdot 30 = -59{,}144$$

$$x_5 = \frac{M3_x}{2} + \frac{26}{2} = 28{,}981$$

$$P6_x = 26$$

$$z_5 = \sqrt{R_3^{\,2} - x_5^{\,2}} = \sqrt{30^2 - 28{,}981^2} = 7{,}753$$

$$P6_z = M3_z - z_5 = -59{,}144 - 7{,}753 = -66{,}897$$

4.14 Aufgabe 13 (Tangentialbögen, Trigonometrie)

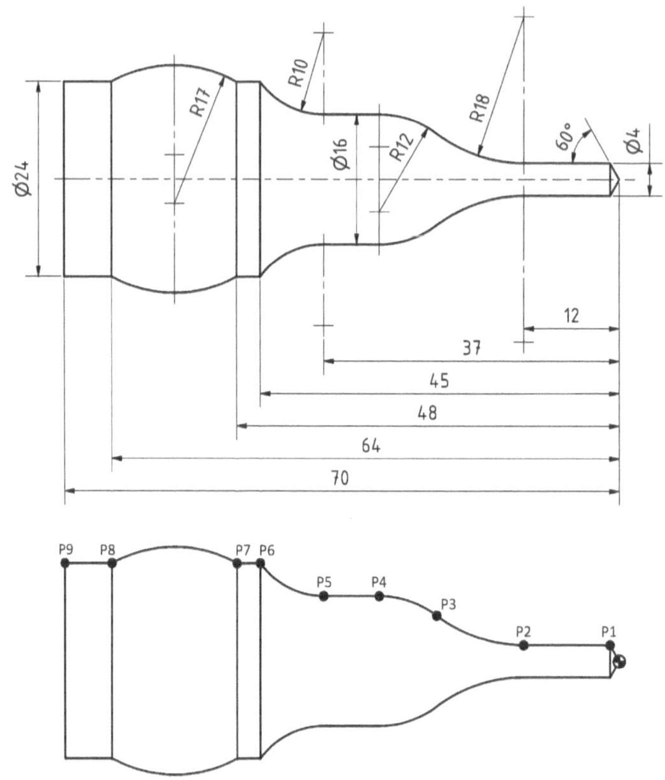

Bild 4.32 Zeichnung der Drehaufgabe 13

Video der Bearbeitungssimulation: Aufgabe_Drehen_13.mp4

```
N010 G54                        ; Nullpunktverschiebung
N020 T1 D1                      ; Tool 1 (linker Schlichtstahl)
N030 S200 F0.2 M04              ; Technologiedaten
N040 G00 X-5 Z3                 ; in Eilgang auf Startpunkt
N050 G42                        ; Radiuskorrektur nach rechts
N060 G01 X-2 Z0                 ; in Vorschub unter Drehmitte
N070 G01 X0                     ; in Vorschub auf Nullpunkt
N080 G01 X4 Z-1.1515            ; in Vorschub auf P1
N090 G01 Z-12                   ; in Vorschub auf P2
N100 G02 X11.2 Z-22.8 I18 K0    ; in Vorschub auf P3
N110 G03 X16 Z-30 I-9.6 K-7.2   ; in Vorschub auf P4
N120 G01 Z-37                   ; in Vorschub auf P5
N130 G02 X24 Z-45 I10 K0        ; in Vorschub auf P6
```

```
N140 G01 Z-48                   ; in Vorschub auf P7
N150 G03 X24 Z-64 I-15 K-8      ; in Vorschub auf P8
N160 G01 Z-71                   ; in Vorschub hinter P9
N170 G40                        ; Abwahl der Radiuskorrektur
N180 G01 X30 Z-73               ; Abfahrt
N190 M30                        ; Programmende
```

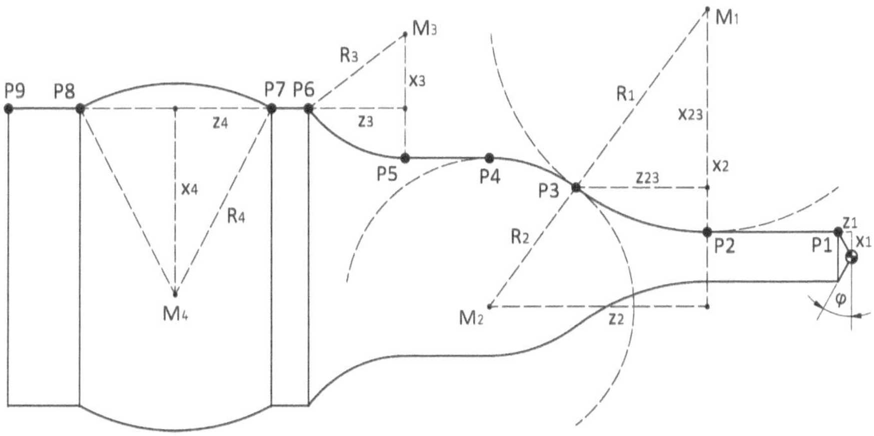

Bild 4.33 Skizze zur Drehaufgabe 13

Berechnung: Punkt *P*1

$$\varphi = 90° - 60° = 30°$$

$$x_1 = 2$$

$$P1_x = 4$$

$$z_1 = \tan(\varphi) \cdot x_1 = 1{,}155$$

$$P1_z = -z_1 = -1{,}155$$

Berechnung: Punkt *P*3

$$M1_x = 4 + 2 \cdot R_1 = 40$$

$$M2_x = \left(R_2 - \frac{16}{2}\right) \cdot 2 = 8$$

$$x_2 = \frac{M1_x}{2} + \frac{M2_x}{2} = \frac{40+8}{2} = 24$$

$$z_2 = \sqrt{(R_1 + R_2)^2 - x_2^2} = \sqrt{(18+12)^2 - 24^2} = 18$$

$$\frac{R_1 + R_2}{x_2} = \frac{R_1}{x_{23}}$$

$$x_{23} = \frac{R_1 \cdot x_2}{R_1 + R_2}$$

$$x_{23} = \frac{18 \cdot 24}{18 + 12} = 14{,}4$$

$$P3_x = M1_x - 2 \cdot x_{23} = 11{,}2$$

$$\frac{R_1 + R_2}{z_2} = \frac{R_1}{z_{23}}$$

$$z_{23} = \frac{R_1 \cdot z_2}{R_1 + R_2}$$

$$z_{23} = \frac{18 \cdot 18}{18 + 12} = 10{,}8$$

$$P3_z = M1_z - z_{23} = -22{,}8$$

Berechnung: Punkt *P*4

$$P4_x = 16$$

$$P4_z = M2_z = M1_z - z_2$$

$$P4_z = -12 - 18 = -30$$

Berechnung: Punkt *P*6

$$z_3 = 45 - 37 = 8$$

$$P6_z = -45$$

$$x_3 = \sqrt{R_3 - z_3} = \sqrt{10^2 - 8^2} = 6$$

$$P6_x = M3_x - 2 \cdot x_3$$

$$P6_x = (16 + 2 \cdot 10) - 2 \cdot 6 = 24$$

Berechnung: Komponenten für *M*4

$$z_4 = \frac{|P8_z - P7_z|}{2} = \frac{16}{2} = 8$$

$$K = -z_4 = -8$$

$$x_4 = \sqrt{R_4^{\ 2} - z_4^{\ 2}} = \sqrt{17^2 - 8^2} = 15$$

$$I = -x_4 = -15$$

4.15 Aufgabe 14 (Tangentialbögen)

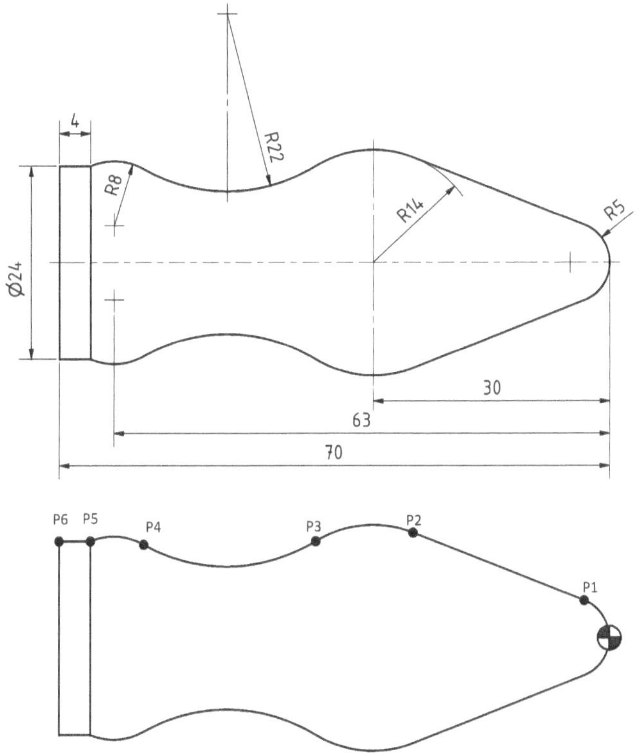

Bild 4.34 Zeichnung der Drehaufgabe 14

Video der Bearbeitungssimulation: Aufgabe_Drehen_14.mp4

```
N010 G54                          ; Nullpunktverschiebung
N020 T1 D1                        ; Tool 1 (linker Schlichtstahl)
N030 S200 F0.2 M04                ; Technologiedaten
N040 G00 X-5 Z3                   ; in Eilgang auf Startpunkt
N050 G42                          ; Radiuskorrektur nach rechts
N060 G01 X-2 Z0                   ; in Vorschub unter Drehmitte
N070 G01 X0                       ; in Vorschub auf Nullpunkt
```

```
N080 G03 X9.330 Z-3.2 I0 K-5                ; in Vorschub auf P1
N090 G01 X26.123 Z-24.960                   ; in Vorschub auf P2
N100 G03 X24.005 Z-37.207 I-13.061 K-5.040  ; in Vorschub auf P3
N110 G02 X23.184 Z-59.142 I18.861 K-11.325  ; in Vorschub auf P4
N120 G03 X24 Z-66 I-7.008 K-3.858           ; in Vorschub auf P5
N130 G01 Z-71                               ; in Vorschub hinter P6
N140 G40                                    ; Abwahl der Radiuskorrektur
N150 G01 X30 Z-73                           ; Abfahrt
N160 M30                                    ; Programmende
```

Die Konturpunkte *P*1 bis *P*4 stellen Übergangspunkte dar. Für *P*1 und *P*2 erfolgt der Lösungsansatz über zwei Kreise, die durch eine gemeinsame Tangente verbunden sind.

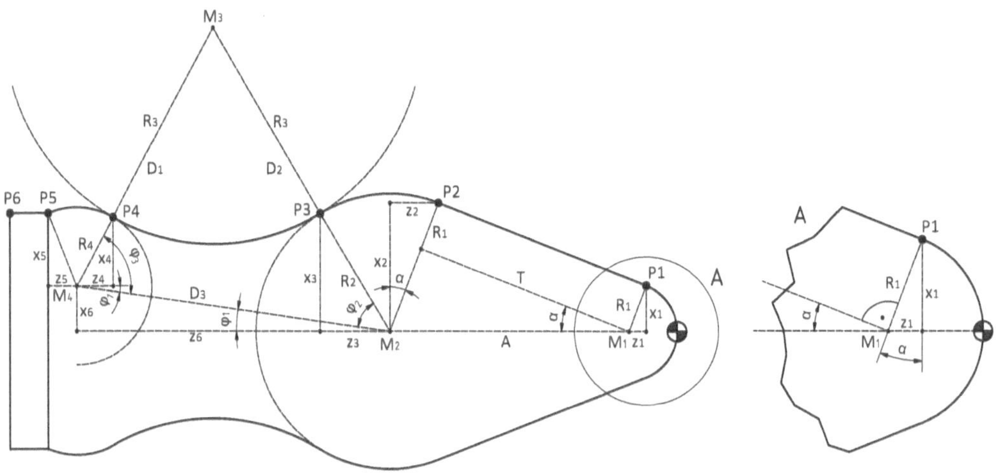

Bild 4.35 Skizze zur Drehaufgabe 14

Berechnung: Punkt *P*1

$$A = 30 - 5 = 25$$

$$T = \sqrt{A^2 - (R_2 - R_1)^2} = \sqrt{25^2 - 9^2} = 23{,}324$$

$$\cos(\alpha) = \frac{T}{A}$$

$$\alpha = \arccos\left(\frac{T}{A}\right) = 21{,}1^\circ$$

$$x_1 = \cos(\alpha) \cdot R_1$$

$$x_1 = \cos(21{,}1^\circ) \cdot 5 = 4{,}665$$

$$P1_x = 2 \cdot x_1 = 2 \cdot 4{,}665 = 9{,}33$$

$$z_1 = \sin(\alpha) \cdot R_1$$
$$z_1 = \sin(21{,}1°) \cdot 5 = 1{,}8$$

$$P1_z = -5 + z_1 = -5 + 1{,}8 = -3{,}2$$

Berechnung: Punkt *P2*

$$x_2 = \cos(\alpha) \cdot R_2$$
$$x_2 = \cos(21{,}1°) \cdot 14 = 13{,}061$$

$$P2_x = 2 \cdot x_2 = 2 \cdot 13{,}061 = 26{,}123$$

$$z_2 = \sin(\alpha) \cdot R_2$$
$$z_2 = \sin(21{,}1°) \cdot 14 = 5{,}04$$

$$P2_z = -30 + z_2 = -30 + 5{,}04 = -24{,}96$$

Berechnung: Punkt *P5*

$$z_5 = 70 - 63 - 4 = 3$$

$$P5_z = -63 - z_5 = -66$$

$$x_5 = \sqrt{{R_4}^2 - {z_5}^2} = \sqrt{8^2 - 3^2} = 7{,}416$$

$$P5_x = 24$$

Berechnung des Dreiecks M_2–M_3–M_4

$$x_6 = \frac{P5_x}{2} - x_5 = 12 - 7{,}416 = 4{,}584$$

$$z_6 = 63 - 30 = 33$$

$$\tan(\varphi_1) = \frac{x_6}{z_6}$$

$$\varphi_1 = \arctan\left(\frac{4{,}584}{33}\right) = 7{,}908°$$

$$D_1 = R_3 + R_4 = 22 + 8 = 30$$

$$D_2 = R_3 + R_2 = 22 + 14 = 36$$

$$D_3 = \sqrt{{x_6}^2 + {z_6}^2} = \sqrt{4{,}584^2 + 33^2} = 33{,}317$$

$$D_1^2 = D_2^2 + D_3^2 - 2 \cdot D_2 \cdot D_3 \cdot \cos(\varphi_2)$$

$$\frac{D_1^2 - D_2^2 - D_3^2}{-2 \cdot D_2 \cdot D_3} = \cos(\varphi_2)$$

$$\varphi_2 = \arccos\left(\frac{30^2 - 36^2 - 33{,}317^2}{-2 \cdot 36 \cdot 33{,}317}\right)$$

$$\varphi_2 = 51{,}111°$$

Berechnung: Punkt *P3*

$$\sin(\varphi_1 + \varphi_2) = \frac{x_3}{R_2}$$

$$x_3 = \sin(7{,}908° + 51.111°) \cdot 14 = 12{,}003$$

$$\cos(\varphi_1 + \varphi_2) = \frac{z_3}{R_2}$$

$$z_3 = \cos(7{,}908° + 51.111°) \cdot 14 = 7{,}207$$

$$P3_x = 2 \cdot x_3 = 24{,}005$$

$$P3_z = -30 - z_3 = -30 - 7{,}207 = -37{,}207$$

Berechnung: Punkt *P4*

$$D_2^2 = D_1^2 + D_3^2 - 2 \cdot D_1 \cdot D_3 \cdot \cos(\varphi_3)$$

$$\frac{D_2^2 - D_1^2 - D_3^2}{-2 \cdot D_1 \cdot D_3} = \cos(\varphi_3)$$

$$\varphi_3 = \arccos\left(\frac{36^2 - 30^2 - 33{,}317^2}{-2 \cdot 30 \cdot 33{,}317}\right)$$

$$\varphi_3 = 69{,}073°$$

$$\sin(\varphi_3 - \varphi_1) = \frac{x_4}{R_4}$$

$$x_4 = \sin(69{,}073° - 7{,}908°) \cdot 8 = 7{,}008$$

$$\cos(\varphi_3 - \varphi_1) = \frac{z_4}{R_4}$$

$$z_4 = \cos(69{,}073° - 7{,}908°) \cdot 8 = 3{,}858$$

$$M4_x = 26 - 2 \cdot x_5 = 26 - 2 \cdot 7{,}416 = 9{,}168$$

$$P4_x = M4_x + 2 \cdot x_4 = 9{,}168 + 2 \cdot 7{,}008 = 23{,}184$$

$$P4_z = -63 + z_4 = -63 + 3{,}858 = -59{,}142$$

4.16 Aufgabe 15 (Schnittpunktberechnung vektoriell)

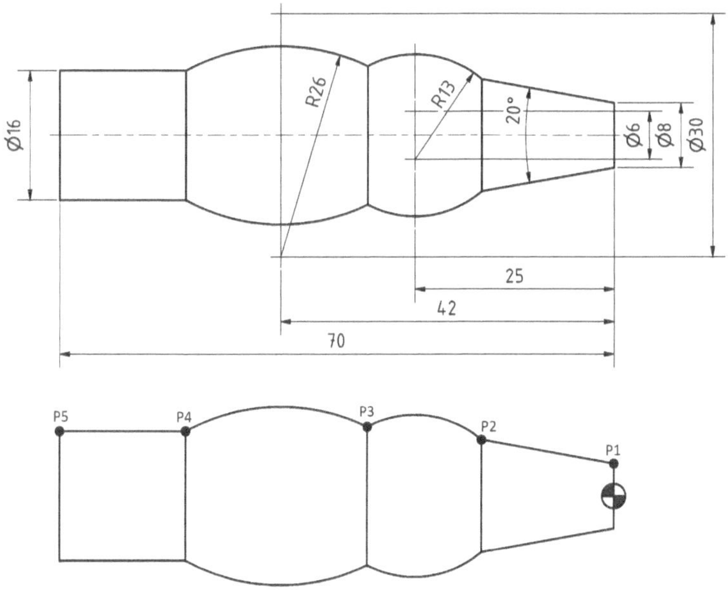

Bild 4.36 Zeichnung der Drehaufgabe 15

Video der Bearbeitungssimulation: Aufgabe_Drehen_15.mp4

```
N010 G54                                  ; Nullpunktverschiebung
N020 T1 D1                                ; Tool 1 (linker Schlichtstahl)
N030 S200 F0.2 M04                        ; Technologiedaten
N040 G00 X-5 Z3                           ; in Eilgang auf Startpunkt
N050 G42                                  ; Radiuskorrektur nach rechts
N060 G01 X-2 Z0                           ; in Vorschub unter Drehmitte
N070 G01 X0                               ; in Vorschub auf Nullpunkt
N080 G01 X8                               ; in Vorschub auf P1
N090 G01 X13.857 Z-16.608                 ; in Vorschub auf P2
N100 G03 X17.092 Z-30.974 I-9.928 K-8.392 ; in Vorschub auf P3
```

```
N110 G03 X16 Z-54.124 I-23.546 K-11.026      ; in Vorschub auf P4
N120 G01 Z-71                                 ; in Vorschub hinter P5
N130 G40                                      ; Abwahl der Radiuskorrektur
N140 G01 X30 Z-73                             ; Abfahrt
N150 M30                                      ; Programmende
```

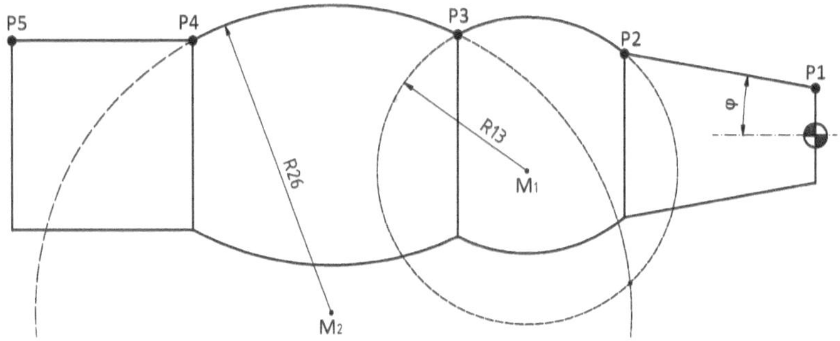

Bild 4.37 Skizze 1 zur Drehaufgabe 15

Die Berechnung der Punkte soll vektoriell erfolgen. Das genutzte Koordinatensystem ist kartesisch und bildet die *x*- und *z*-Achse ab. Die verwendeten *x*-Koordinaten sind hier also keine Durchmesserangaben.

Berechnung: Punkt *P2*

Zur Vereinfachung der Gleichungen wird der Koordinatenursprung in den Mittelpunkt des Kreises M_1 verschoben (kartesische Verschiebung: x - 3 und z - 25)

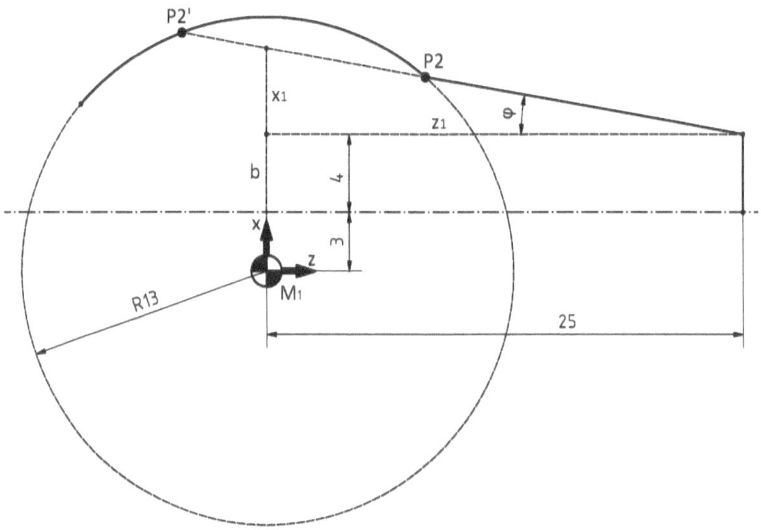

Bild 4.38 Skizze 2 zur Drehaufgabe 15

Gleichung für den Kreis:

$$(z-m_z)^2+(x-m_x)^2=r^2$$

$$z^2+x^2=r^2 \qquad (\text{mit } M1_x=0 \quad \text{und} \quad M1_z=0)$$

Gleichung für die Gerade:

$$x=m\cdot z+b$$

$$\varphi=\frac{20°}{2}=10°$$

$$m=\frac{mx}{mz}$$

$$\tan(\varphi)=\frac{-x_1}{z_1}$$

$$m=-\tan(\varphi)=-0{,}176$$

$$z_1=25$$

$$x_1=\tan(\varphi)\cdot z_1=4{,}408$$

$$b=3+4+x_1=11{,}408$$

Einsetzen der Geradengleichung in die Kreisgleichung:

$$z^2+x^2=13^2$$

$$x=-0{,}176\cdot z+11{,}408$$

$$z^2+(-0{,}176\cdot z+11{,}408)^2=13^2$$

$$z^2+0{,}176^2\cdot z^2+2\cdot-0{,}176\cdot z\cdot 11{,}408+11{,}408^2=13^2$$

$$(1+0{,}176^2)\cdot z^2+2\cdot-0{,}176\cdot 11{,}408\cdot z+11{,}408^2-13^2=0$$

$$1{,}031\cdot z^2-4{,}023\cdot z-38{,}858=0$$

$$z^2-3{,}902\cdot z-37{,}686=0$$

Quadratische Gleichung lösen und prüfen:

$$z^2+pz+q=0$$

$$z_{1,2}=-\frac{p}{2}\pm\sqrt{\left(\frac{p}{2}\right)^2-q}$$

$$D=\left(\frac{p}{2}\right)^2-q=\left(\frac{-3{,}902}{2}\right)^2-37{,}686=41{,}492$$

Da die Diskriminante $D > 0$ ist, gibt es zwei Lösungen (Schnittpunkte):

$$z_1 = +8{,}392 \quad \text{und} \quad z_2 = -4{,}490$$

Mit der Geradengleichung

$$x_1 = -0{,}176 \cdot z_1 + 11{,}408$$

ergibt sich der gesuchte Punkt:

$$x_1 = 9{,}928$$

$$P2_x = (x_1 - 3) \cdot 2 = 13{,}856$$

$$P2_z = 25 - z_1 = 16{,}608$$

Berechnung: Punkt *P*3

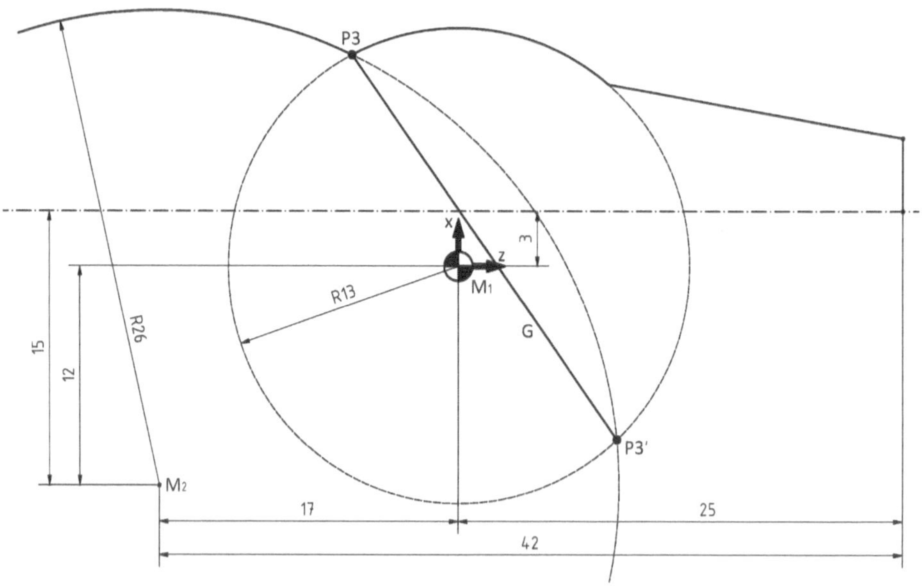

Bild 4.39 Skizze 3 zur Drehaufgabe 15

Die beiden Kreise lassen sich durch ihre Normalform beschreiben:

$$(z - m_z)^2 + (x - m_x)^2 = r^2$$

$$K1\text{:} \quad (z + 0)^2 + (x + 0)^2 = 13^2$$

$$K2\text{:} \quad (z + 17)^2 + (x + 12)^2 = 26^2$$

$$z^2 + x^2 - 13^2 = (z+17)^2 + (x+12)^2 - 26^2$$
$$z^2 + x^2 - 13^2 = z^2 + 2 \cdot z \cdot 17 + 17^2 + x^2 + 2 \cdot x \cdot 12 + 12^2 - 26^2$$
$$26^2 - 13^2 = 34 \cdot z + 17^2 + 24 \cdot x + 12^2$$
$$26^2 - 13^2 - 17^2 - 12^2 = 34 \cdot z + 24 \cdot x$$
$$74 - 34 \cdot z = 24 \cdot x$$
$$x = -1{,}417 \cdot z + 3{,}083$$

Dies stellt die Geradengleichung G ($P3$-$P3'$) dar. Nach dem Einsetzen in eine der beiden Kreisgleichungen muss die quadratische Gleichung interpretiert und gelöst werden:

$$z^2 + x^2 = 13^2$$
$$z^2 + (-1{,}417 \cdot z + 3{,}083)^2 = 13^2$$
$$z^2 + 1{,}417^2 \cdot z^2 + 2 \cdot -1{,}417 \cdot z \cdot 3{,}083 + 3{,}083^2 = 13^2$$
$$\left(1 + 1{,}417^2\right) \cdot z^2 - 2{,}833 \cdot 3{,}083 \cdot z + 9{,}507 = 169$$
$$3{,}007 \cdot z^2 - 8{,}736 \cdot z - 159{,}493 = 0$$
$$z^2 - 2{,}905 \cdot z - 53{,}041 = 0$$

Quadratische Gleichung lösen und prüfen:

$$z^2 + pz + q = 0$$
$$z_{1,2} = -\frac{p}{2} \pm \sqrt{\left(\frac{p}{2}\right)^2 - q}$$
$$D = \left(\frac{p}{2}\right)^2 - q = \left(-\frac{2{,}905}{2}\right)^2 - 53{,}041 = 55{,}152$$

Da die Diskriminante $D > 0$ ist, gibt es zwei Lösungen (Schnittpunkte):

$$z_1 = -\frac{-2{,}905}{2} + \sqrt{\left(-\frac{2{,}905}{2}\right)^2 - 53{,}041} = 8{,}879$$
$$z_2 = -\frac{-2{,}905}{2} - \sqrt{\left(-\frac{2{,}905}{2}\right)^2 - 53{,}041} = -5{,}974$$

Durch Einsetzen (z. B. in die Geradengleichung G) können die x-Anteile berechnet werden:

$$x = -1{,}417 \cdot z + 3{,}083$$
$$x_1 = -1{,}417 \cdot 8{,}879 + 3{,}083 = -9{,}495$$
$$x_2 = -1{,}417 \cdot -5{,}974 + 3{,}083 = 11{,}546$$

Damit ergibt sich für den gesuchten Punkt $P3$:

$$P3_x = (x_2 - 3) \cdot 2 = 17{,}092$$
$$P3_z = -25 - |z_2| = -30{,}974$$

4.17 Aufgabe 16 (Schnittpunktberechnung vektoriell)

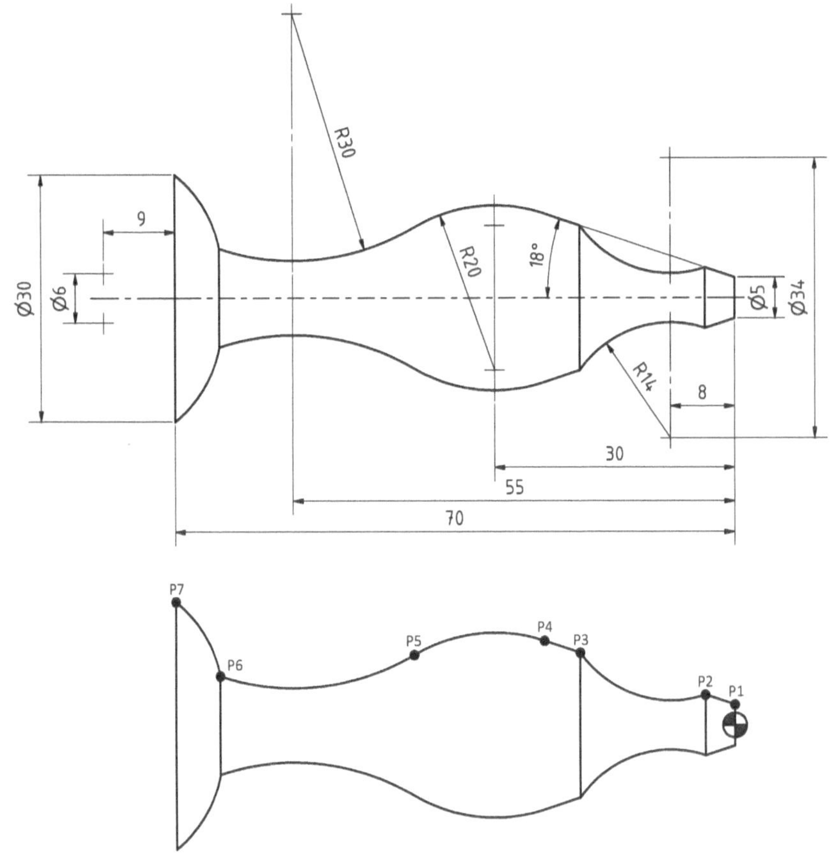

Bild 4.40 Zeichnung der Drehaufgabe 16

Video der Bearbeitungssimulation: Aufgabe_Drehen_16.mp4

```
N10 G54                                  ; Nullpunktverschiebung
N20 T1 D1                                ; Tool 1 (linker Schlichtstahl)
N30 S200 F0.2 M04                        ; Technologiedaten
N40 G00 X-2 Z2                           ; in Eilgang auf Startpunkt
N50 G42                                  ; Radiuskorrektur nach rechts
N60 G01 X-1 Z0                           ; in Vorschub unter Drehmitte
N70 G01 X5                               ; in Vorschub auf P1
N80 G01 X7.379 Z-3.661                   ; in Vorschub auf P2
N90 G02 X17.564 Z-19.334 I13.311 K-4.339 ; in Vorschub auf P3
N100 G01 X20.479 Z-23.820                ; in Vorschub auf P4
N110 G03 X17.078 Z-40 I-19.021 K-6.180   ; in Vorschub hinter P5
N120 G02 X11.997 Z-64.303 I25.981 K-15   ; in Vorschub hinter P6
N130 G03 X30 Z-70 I-2.998 K-14.697       ; in Vorschub hinter P7
N140 G40                                 ; Abwahl der Radiuskorrektur
N150 G01 X32 Z-73                        ; Abfahrt
N160 M30                                 ; Programmende
```

Die Berechnung der Punkte *P*2 und *P*3 soll vektoriell erfolgen. Das genutzte Koordinatensystem ist kartesisch und bildet die *x*- und *z*-Achse ab. Die verwendeten *x*-Koordinaten sind hier also keine Durchmesserangaben.

Berechnung: Punkt *P*2 und *P*3

Zur Vereinfachung der Gleichungen wird der Koordinatenursprung in den Startpunkt der Geraden *P*1-*P*2-*P*3 verschoben (kartesische Verschiebung: *x* + 2,5 und *z*0). Damit entfällt der Achsenabschnitt *b*.

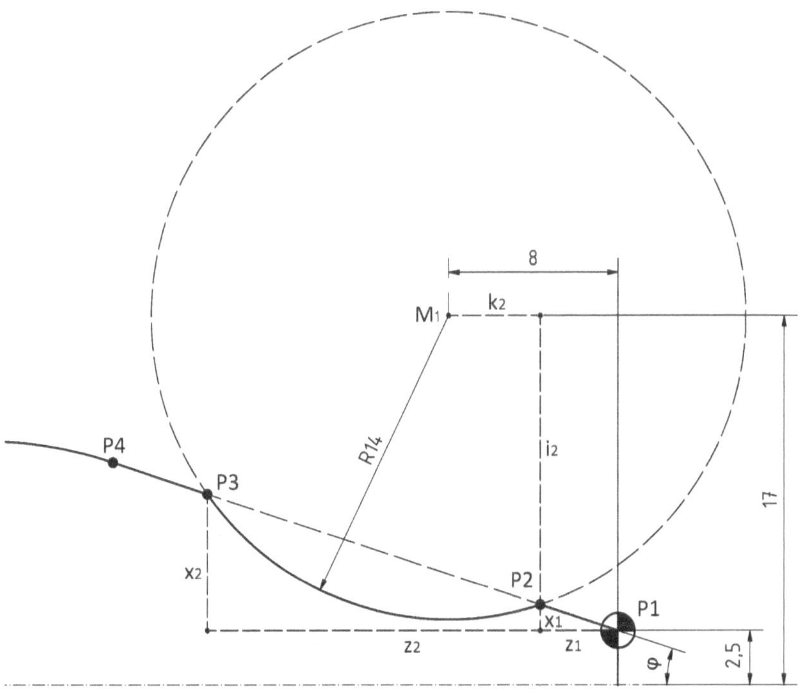

Bild 4.41 Skizze 1 zur Drehaufgabe 16

Gleichung für den Kreis:

$$(z-m_z)^2+(x-m_x)^2=r^2$$

$$(x-14{,}5)^2+(z+8)^2=r^2 \qquad \text{(mit } m_x = 14{,}5 \text{ und } m_z = -8)$$

Gleichung für die Gerade:

$$x=m\cdot z+b$$

$$m=\frac{mx}{mz}$$

$$m=\tan(\varphi)=-\frac{mx}{mz}=\tan(-18°)=-0{,}325$$

$$b=0$$

Einsetzen der Geradengleichung *G* in die Kreisgleichung *K*:

$$K:\quad (x-14{,}5)^2+(z+8)^2=r^2$$

$$G:\quad x=-0{,}325\cdot z+0$$

$$(-0{,}325\cdot z-14{,}5)^2+(z+8)^2=14^2$$

$$(0{,}106\cdot z^2+9{,}423\cdot z+210{,}25)+(z^2+16\cdot z+64)=14^2$$

$$1{,}106\cdot z^2+25{,}423\cdot z+78{,}25=0$$

$$z^2+22{,}995\cdot z+70{,}777=0$$

Quadratische Gleichung lösen und prüfen:

$$z^2+pz+q=0$$

$$z_{1,2}=-\frac{p}{2}\pm\sqrt{\left(\frac{p}{2}\right)^2-q}$$

$$D=\left(\frac{p}{2}\right)^2-q=\left(\frac{22{,}995}{2}\right)^2-70{,}777=61{,}415$$

Da die Diskriminante $D > 0$ ist, gibt es zwei Lösungen (Schnittpunkte):

$$z_1=-3{,}661 \quad \text{und} \quad z_2=-19{,}334$$

Mit der Geradengleichung

$$x_1=-0{,}325\cdot z_1+0$$

ergeben sich die gesuchten *x*-Koordinaten:

$$x_1=1{,}189 \quad \text{und} \quad x_2=6{,}282$$

Das Koordinatensystem wurde nicht in *Z*-Richtung verschoben, aber um 2,5 mm in *X*-Richtung. Um die korrekten *x*-Koordinaten der Punkte *P*2 und *P*3 zu bestimmen, muss diese Verschiebung berücksichtigt werden. Zudem handelt es sich noch um den Radius, der verdoppelt werden muss.

$$P2_x = (x_1 + 2{,}5) \cdot 2 = 7{,}379$$

$$P3_x = (x_2 + 2{,}5) \cdot 2 = 17{,}564$$

$$P2_z = z_1 = -3{,}661$$

$$P3_z = z_2 = -19{,}334$$

Die relativen Abstände *I* und *K* für den Radius um M_1 sind:

$$I_2 = \frac{(34 - P2_x)}{2} = \left(\frac{34 - 7{,}379}{2}\right) = 13{,}311$$

$$K_2 = -8 - P2_z = -8 + 3{,}661 = -4{,}339$$

Berechnung der Punkte *P*4 und *P*5

Da die Gerade *P*3-*P*4 den Bogen um M_1 tangiert, bildet sich der Tangentenwinkel am Radius ab und kann als Ausgangswert für die Berechnung genutzt werden.

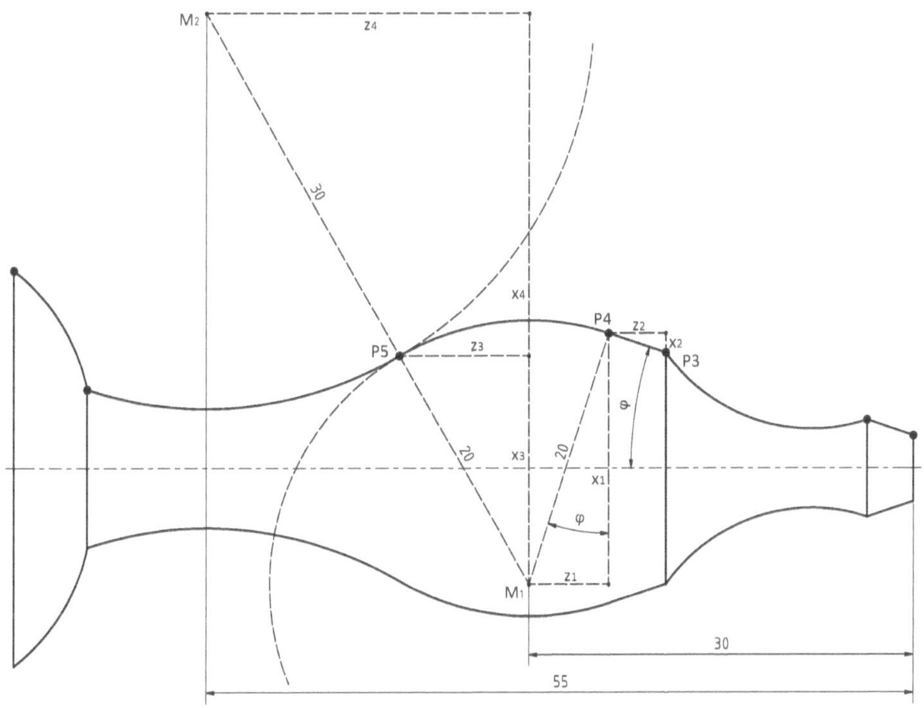

Bild 4.42 Skizze 2 zur Drehaufgabe 16

$$\cos(\varphi) = \frac{x_1}{20}$$
$$x_1 = \cos(18°) \cdot 20 = 19{,}021$$

$$\sin(\varphi) = \frac{z_1}{20}$$
$$z_1 = \sin(18°) \cdot 20 = 6{,}180$$

$$z_2 = 30 - z_1 + P3_z = 30 - 6{,}180 - 19{,}334 = 4{,}485$$

$$\tan(\varphi) = \frac{x_2}{z_2}$$

$$x_2 = \tan(18°) \cdot z_2 = 1{,}457$$

$$P4_x = P3_x + 2 \cdot x_2$$
$$P4_x = 17{,}564 + 2 \cdot 1{,}457 = 20{,}479$$

$$P4_z = 30 - z_1$$
$$P4_z = 30 - 6{,}180 = 23{,}820$$

Berechnung: Punkt *P5*

$$M1_x = 2 \cdot \left(x_1 - \frac{P4_x}{2} \right) = 2 \cdot x_1 - P4_x = 2 \cdot 19{,}021 - 20{,}479 = 17{,}563$$

$$M1_z = -30$$

Da die Strecke M_1-M_2 bekannt ist (20 mm + 30 mm) und z_4 (55 mm - 30 mm) indirekt bemaßt wurde, kann der Übergangspunkt *P5* berechnet werden. Die Lösung erfolgt hier über den Dreisatz und relativ zum Mittelpunkt M_1.

$$z_4 = 55 - 30 = 25$$

$$\frac{z_3}{z_4} = \frac{20}{(20+30)}$$

$$z_3 = \frac{20 \cdot z_4}{50} = \frac{20 \cdot 25}{50} = 10$$

$$x_3 = \sqrt{20^2 - z_3^{\,2}} = \sqrt{20^2 - 10^2} = 17{,}321$$

$$\frac{x_3}{x_4} = \frac{20}{30}$$

$$x_4 = \frac{x_3 \cdot 30}{20} = \frac{17{,}321 \cdot 30}{20} = 25{,}981$$

$$P5_x = 2 \cdot \left(x_3 - \frac{M1_x}{2} \right) = 2 \cdot 17{,}321 - 17{,}563 = 17{,}078$$

$$P5_z = M1_z - z_3 = -30 - 10 = -40$$

$$M2_x = P5_x + 2 \cdot x_4 = 17{,}087 + 2 \cdot 25{,}981 = 69{,}041$$

$$M2_z = -55$$

Berechnung: Punkt *P6*

Die Berechnung des Schnittpunkts *P6* erfolgt vektoriell. Der Ursprung des Koordinatensystems wird zur Vereinfachung in den Mittelpunkt des Bogens M_2 verschoben.

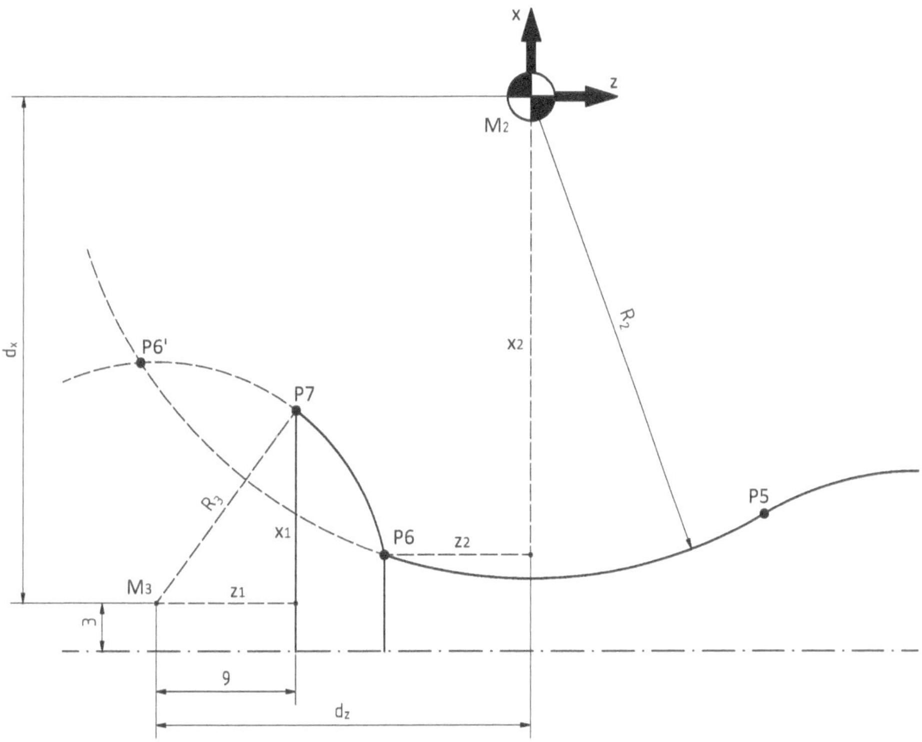

Bild 4.43 Skizze 3 zur Drehaufgabe 16

$$R_2 = 30$$

$$x_1 = \frac{30}{2} - 3 = 12$$

$$R_3 = \sqrt{x_1^2 + z_1^2} = \sqrt{12^2 + 9^2} = 15$$

$$d_x = -\frac{M2_x - M3_x}{2} = -\frac{69{,}041 - 6}{2} = -31{,}520$$

$$d_z = -\left|M3_z - M2_z\right| = -\left|-(70+9)+55\right| = -24$$

Damit ergeben sich die beiden Normalenformen der Kreisbögen $K2$ und $K3$:

$$K2\text{:}\quad z^2 + x^2 = R_2^{\,2}$$

$$K3\text{:}\quad (z-d_z)^2 + (x-d_x)^2 = R_3^{\,2} \qquad (\text{mit } d_x = -31{,}52 \text{ und } d_z = -24)$$

$$K3\text{:}\quad z^2 - 2\cdot z\cdot d_z + d_z^{\,2} + x^2 - 2\cdot x\cdot d_x + d_x^{\,2} = R_3^{\,2}$$

Die Gleichung der Schnittgeraden $P6$–$P6$‘ ergibt sich durch die Subtraktion von $K3$ mit $K2$:

$$-2\cdot z\cdot d_z + d_z^{\,2} - 2\cdot x\cdot d_x + d_x^{\,2} = R_3^{\,2} - R_2^{\,2}$$

$$-d_z\cdot z - d_x\cdot x = \frac{R_3^{\,2} - R_2^{\,2} - d_z^{\,2} - d_x^{\,2}}{2}$$

$$x = \frac{d_z}{-d_x}\cdot z + \frac{R_3^{\,2} - R_2^{\,2} - d_z^{\,2} - d_x^{\,2}}{-2\cdot d_x}$$

$$G\text{:}\quad x = -0{,}761\cdot z - 35{,}605$$

Der gesuchte Schnittpunkt ergibt sich durch Einsetzen von G in eine der Kreisgleichungen (hier $K2$):

$$(-0{,}761\cdot z - 35{,}605)^2 + z^2 = R_2^{\,2}$$

$$0{,}580\cdot z^2 + 2\cdot 27{,}11\cdot z + 1267{,}683 + z^2 = 900$$

$$1{,}580\cdot z^2 + 54{,}22\cdot z = -367{,}683$$

$$z^2 + 34{,}322\cdot z + 232{,}746 = 0$$

Quadratische Gleichung lösen und prüfen:

$$z^2 + pz + q = 0$$

$$z_{1,2} = -\frac{p}{2} \pm \sqrt{\left(\frac{p}{2}\right)^2 - q}$$

$$D = \left(\frac{p}{2}\right)^2 - q = \left(\frac{34{,}322}{2}\right)^2 - 232{,}746 = 61{,}749$$

Da die Diskriminante $D > 0$ ist, gibt es zwei Lösungen (Schnittpunkte):

$$z_1 = -\frac{34,322}{2} + \sqrt{\left(\frac{34,322}{2}\right)^2 - 232,746} = -9,303$$

$$z_2 = -\frac{34,322}{2} - \sqrt{\left(\frac{34,322}{2}\right)^2 - 232,746} = -25,019$$

Die Koordinaten des gesuchten Punktes *P6* ergeben sich damit:

$$P6_z = M2_z - |z_1| = -55 - 9,303 = -64,303$$

Der Abstand in *X*-Richtung lässt sich über die Geradengleichung ermitteln:

$$G{:}\;\; x = -0,761 \cdot z - 35,605$$

$$x = -0,761 \cdot -9,303 - 35,605 = -28,521$$

$$P6_x = M2_x - 2 \cdot |x| = 69,041 - 2 \cdot 28,521 = 11,997$$

Index

S

T

V

W

Z